A JOURNEY TO

WORLDSKILLS

COMPETITION

一场用心的烘焙之旅

第44届世界技能大赛
烘焙项目和糖艺
西点制作项目全纪录

王森——主编

U0200942

中国轻工业出版社

图书在版编目（CIP）数据

一场用心的烘焙之旅：第44届世界技能大赛烘焙项目和糖艺西点制作项目全纪录 / 王森主编. —北京：中国轻工业出版社，2018.7

ISBN 978-7-5184-1946-3

Ⅰ.① 一… Ⅱ.① 王… Ⅲ.① 烘焙 – 糕点加工 Ⅳ.① TS213.2

中国版本图书馆CIP数据核字（2018）第070487号

责任编辑：马　妍　王艳丽

策划编辑：马　妍　　　责任终审：李克力　　封面设计：奇文云海
版式设计：锋尚设计　　责任校对：李　靖　　责任监印：张　可

出版发行：中国轻工业出版社（北京东长安街6号，邮编：100740）

印　　刷：北京富诚彩色印刷有限公司

经　　销：各地新华书店

版　　次：2018年7月第1版第1次印刷

开　　本：787×1092　1/16　印张：9.25

字　　数：100千字

书　　号：ISBN 978-7-5184-1946-3　定价：80.00元

邮购电话：010-65241695

发行电话：010-85119835　传真：85113293

网　　址：http://www.chlip.com.cn

Email：club@chlip.com.cn

如发现图书残缺请与我社邮购联系调换

171490S1X101ZBW

PREFACE | 序

　　当地时间 2017 年 10 月 19 日晚，第 44 届世界技能大赛在阿联酋阿布扎比闭幕。在党和政府有关部门的高度重视下，在世界技能大赛中国组委会领导下，中国代表团各项目专家、教练、技术翻译、选手齐心协力，顽强拼搏，获得了 15 枚金牌、7 枚银牌、8 枚铜牌和 12 个优胜奖，取得了中国参加世界技能大赛以来的最好成绩。其中，获得金牌的项目有工业机械装调、数控铣、工业控制、机电一体化、原型制作、焊接、塑料模具工程、车身修理、汽车喷漆、砌筑、瓷砖贴面、信息网络布线、时装技术、花艺、烘焙；获得银牌的项目有汽车技术、综合机械与自动化、数控车、CAD 机械设计、电气装置、美容、平面设计技术；获得铜牌的项目有制造团队挑战赛、移动机器人、制冷与空调、珠宝加工、商务软件解决方案、网络系统管理、3D 数字游戏艺术、园艺。此届世界技能大赛项目六大领域金牌获得者中都有中国选手，体现了我国职业教育发展的水平。

　　烘焙项目是中国首次参加的世界技能大赛项目。在备赛的一年多时间里，专家组组长王森老师带领着专家团队和教练团队成员不断研究赛事文件，从开始时的经验空白到最后对于赛事规则和试题了然于心，加上选手蔡叶昭本人的勤奋努力和刻苦钻研，最终取得了首次参赛便摘得金牌的佳绩。这枚金牌可以说是既来之不易，又众望所归。每天与面粉、酵母、水、盐为伴，偶尔也会被烤箱烫伤，那些小小的插曲和"意外"给蔡叶昭每天高强度的训练生活增添了些许味道和"欣喜"。熬过了那些平淡如水的日夜，蔡叶昭终于实现了自己人生的一个小小的梦想。

糖艺／西点制作项目是时隔两年后中国的第二次参赛，本项目比赛涉及的模块多，要求选手掌握的技能也相对较多，选手需要在规定的时间内熟练制作出捏塑、糖艺支架、巧克力造型、慕斯蛋糕、小甜点等多种作品。作为一名糖艺西点师，以上这些都只是他们需要掌握的基本技能，若想在这个行业有所作为，年轻师傅至少还要在这个行业摸爬滚打数十年甚至一生的时间。中国选手吕浩然不畏劲敌，在历时 4 天的紧张比赛中，顶住压力，战胜了日本、韩国等老牌强国，取得了优胜奖的好成绩，这也是中国参加世界技能大赛以来本项目所取得的最好成绩。

奖牌总是光鲜闪亮的，备战比赛的过程却不总是那么平顺。赛场上呈现出来的华丽精美、香甜诱人的作品，不知经过了多少遍的雕琢与打磨，选手需要将每一个细节反复操练，直至每一个动作都烂熟于心，在头脑中形成条件反射。枯燥繁琐甚至机械性的训练过程是对年轻选手体力和脑力的双重考验。我们在训练过程中绝不放过任何一个细节，绝不放弃任何一个可以精进的技术点，如此苛刻的训练要求为的是在比赛时选手能够抵抗住外界的压力，哪怕遇到一些临时性突发状况也能游刃有余。

当然，比赛不是选手一个人的事情，后面还有一个强大的团队在配合支持。第 44 届世界技能大赛烘焙项目和糖艺／西点制作项目的集训基地设在王森国际咖啡西点西餐学院（以下简称"王森学院"），作为人力资源和社会保障部任命的国家级集训基地，王森学院在各级人力资源与社会保障部的领导下，专家和教练们紧密配合、周密部署，科学制订训练计划，并因地制宜地为选手调整训练安排，以便选手能以最佳的状态和最适宜的节奏投入到紧张的集训中。

时任人力资源和社会保障部部长尹蔚民在代表团回国后的总结大会上表示，中国代表团取得优异成绩，得益于党和国家的高度重视，得益于我国技能人才工作环境的日益改善，得益于我国科学备赛，得益于中国代表团每位成员的努力。他寄语代表团的各位选手再接再厉、再创辉煌，做好宣传员、辅导员、领航员，成为广大青年技能劳动者的学习标杆。他希望各集训基地和技术专家团队继续在技能人才工作领域贡献自己的智慧和力量，关注技术前沿、传承工匠精神、注重成果转化。

烘焙项目首战告捷，糖艺／西点制作项目也取得了优异的成绩，王森老师坚持让两位选手将阿布扎比比赛的作品全部原景重现，将众人认为神秘的冠军产品全部公之于众，一方面让更多的有志青年学习并掌握精湛的技术，另一方面也为新一代有志成为西点师的青年朋友树立一个行业标杆。同时，也不断勉励蔡叶昭和吕浩然砥砺前行，不断突破技术难关，为中国的烘焙行业和西点行业创造下一个神话。

蔡叶昭和吕浩然 ｜ 个人简介

蔡叶昭

1995年8月出生于安徽芜湖，2012年进入王森国际咖啡西点西餐学院学习，2016年7月，经过层层选拔成为世界技能大赛种子选手，并于2017年10月代表中国出征阿布扎比，荣获第44届世界技能大赛烘焙项目冠军。

2017年12月，人力资源和社会保障部召开表彰大会，蔡叶昭受到了国务院总理李克强的亲切接见。

2018年1月，江苏省召开全省技能人才表彰大会，蔡叶昭作为金牌获得者，被记"个人一等功"，并被认定副高级专业技术职称，晋升高级技师职业资格并被推荐评选为省突出贡献中青年专家，同时被授予"江苏工匠"称号。

吕浩然

1995年8月出生于江苏句容，2011年进入王森国际咖啡西点西餐学院学习，2016年7月，经过层层选拔成为第44届世界技能大赛的种子选手，并于2017年10月代表中国出征阿布扎比，荣获此次大赛糖艺/西点制作项目优胜奖。

2017年12月，人力资源和社会保障部召开表彰大会，吕浩然受到了国务院总理李克强的亲切接见。

2018年1月，江苏省召开技能人才表彰大会，吕浩然被记"个人三等功"，晋升高级技师职业资格并被推荐评选为省突出贡献中青年专家。

CONTENTS | 目录

CHAPTER 4

第 44 届世界技能大赛糖艺 / 西点项目赛题解读：配方及制作

CHAPTER 5

世界技能大赛选手的备战、参赛日常

附录

后记…139

CHAPTER 1

世界技能大赛知多少

世界技能大赛，你真的了解吗？

世界技能大赛简介

世界技能大赛（Worldskills Competition，WSC），被誉为"世界技能奥林匹克"，是最高层的世界性职业技能赛事。世界技能大赛由世界技能组织（Worldskills International，WSI）举办，目前已举办44届。

世界技能组织成立于1950年，其前身是"国际职业技能训练组织"（International Vocation Training Organization，IVTO），由西班牙和葡萄牙两国发起，后更名为"世界技能组织"（Worldskills International）。世界技能组织注册地为荷兰，我国于2010年10月正式加入世界技能组织，成为第53个成员国。中国的台湾（Chinese Taipei，1970）、澳门（Macao，China，1983）和香港（Hong Kong，China，1997）以地区名义加入。截至2017年1月，共有77个国家和地区成员。其宗旨是：通过成员之间的交流合作，促进青年人和培训师职业技能水平的提升；通过举办世界技能大赛，在世界范围内宣传技能对经济社会发展的贡献，鼓励青年投身技能事业。该组织的主要活动为每年召开一次全体大会，每两年举办一次世界技能大赛。

世界技能组织的管理机构是全体大会（General Assembly）和执行局（Executive Board），常设委员会是战略委员会（Strategy Committee）和技术委员会（Technical Committee）。全体大会拥有最高权力，由该组织成员的行政代表和技术代表构成，每个成员拥有一票，由两名代表中任何一名代表投票。执行局由主席、副主席、常设委员会副会长和司库组成。执行局管理本组织的日常事务并向全体大会报告。战略委员会由行政代表组成，由负责战略事务的副主席主管，并由其召集会议。战略委员会对实施本组织目的和目标可能的战略和方式提出思考和行动。技术委员会由技术代表组成，由主管技术事务的副主席主管，并由其召集会议。技术委员会负责处理与竞赛相关的所有技术和组织事务。

愿景
用技能的力量改善我们的世界。

使命
提升技能人才的地位，展现经济发展和个人成功中技能的重要性。

定位
全球技能卓越和发展的中心。

世界技能大赛发展史

历届世界技能大赛以在欧洲举办为主。欧洲以外的地区，到目前为止，只在亚洲举办过6届，即第19届（1970年）日本东京、第24届（1978年）韩国釜山、第28届（1985年）日本大阪、第32届（1993年）中国台湾、第36届（2001年）韩国首尔、第39届（2007年）日本静冈县。

第一届，1950年，西班牙马德里	第二十四届，1978年，韩国釜山
第二届，1951年，西班牙马德里	第二十五届，1979年，爱尔兰科克
第三届，1953年，西班牙马德里	第二十六届，1981年，美国亚特兰大
第四届，1955年，西班牙马德里	第二十七届，1983年，奥地利林茨
第五届，1956年，西班牙马德里	第二十八届，1985年，日本大阪
第六届，1957年，西班牙马德里	第二十九届，1988年，澳大利亚悉尼
第七届，1958年，西班牙马德里	第三十届，1989年，英国伯明翰
第八届，1959年，西班牙马德里	第三十一届，1991年，荷兰阿姆斯特丹
第九届，1960年，西班牙马德里	第三十二届，1993年，中国台湾
第十届，1961年，西班牙马德里	第三十三届，1995年，法国里昂
第十一届，1962年，西班牙马德里	第三十四届，1997年，瑞士圣加伦
第十二届，1963年，爱尔兰都柏林	第三十五届，1999年，加拿大蒙特利尔
第十三届，1964年，葡萄牙里斯本	第三十六届，2001年，韩国首尔
第十四届，1965年，英国格拉斯哥	第三十七届，2003年，瑞士圣加伦
第十五届，1966年，荷兰乌特勒支	第三十八届，2005年，芬兰赫尔辛基
第十六届，1967年，西班牙马德里	第三十九届，2007年，日本静冈
第十七届，1968年，瑞士伯尔尼	第四十届，2009年，加拿大卡尔加里
第十八届，1969年，比利时布鲁塞尔	第四十一届，2011年，英国伦敦
第十九届，1970年，日本东京	第四十二届，2013年，德国莱比锡
第二十届，1971年，西班牙希洪	第四十三届，2015年，巴西圣保罗
第二十一届，1973年，德国慕尼黑	第四十四届，2017年，阿联酋阿布扎比
第二十二届，1975年，西班牙马德里	第四十五届，2019年，俄罗斯喀山
第二十三届，1977年，荷兰乌特勒支	第四十六届，2021年，中国上海

世界技能大赛竞赛项目大类

世界技能大赛比赛项目共分为6个大类，分别为结构与建筑技术（Construction and Building Technology）、创意艺术和时尚（Creative Arts and Fashion）、信息与通信技术（Information and Communication Technology）、制造与工程技术（Manufacturing and Engineering Technology）、社会与个人服务（Social and Personal Services）、运输与物流（Transportation and Logistics）。大部分竞赛项目对参赛选手的年龄限制为22岁，制造团队挑战赛、机电一体化、信息网络布线和飞机维修四个有工作经验要求的综合性项目对选手的年龄限制为25岁。

第 44 届世界技能大赛比赛项目

结构与建筑技术		
	建筑石雕	（Architectural Stonemasonry）
	砌砖	（Bricklaying）
	家具制造	（Cabinetmaking）
	木工	（Carpentry）
	混凝土建筑	（Concrete Construction Work）
	电气装置	（Electrical Installations）
	精细木工	（Joinery）
	园艺	（Landscape Gardening）
	油漆与装饰	（Painting and Decorating）
	抹灰与隔墙系统	（Plastering and Drywall Systems）
	管道与制暖	（Plumbing and Heating）
	制冷与空调	（Refrigeration and Air Conditioning）
	瓷砖贴面	（Wall and Floor Tiling）

创意艺术和时尚		
	3D 数字游戏艺术	（3D Digital Game Art）
	时装技术	（Fashion Technology）
	花艺	（Floristry）
	平面设计技术	（Graphic Design Technology）
	珠宝加工	（Jewellery）
	商品展示技术	（Visual Merchandising）

信息与通信技术		
	网络系统管理	（IT Network Systems Administration）
	商务软件解决方案	（IT Software Solutions for Business）
	信息网络布线	（Information Network Cabling）

| | 印刷媒体技术 | （Print Media Technology） |
| | 网站设计与开发 | （Web Design and Development） |

制造与工程技术	数控铣	（CNC Milling）
	数控车	（CNC Turning）
	建筑金属构造	（Construction Metal Work）
	电子技术	（Electronics）
	工业控制	（Industrial Control）
	工业机械装调	（Industrial Mechanic Millwright）
	制造团队挑战赛	（Manufacturing Team Challenge）
	CAD 机械设计	（Mechanical Engineering CAD）
	机电一体化	（Mechatronics）
	移动机器人	（Mobile Robotics）
	塑料模具工程	（Plastic Die Engineering）
	综合机械与自动化	（Polymechanics and Automation）
	原型制作	（Prototype Modelling）
	水处理技术	（Water Technology）
	焊接	（Welding）

社会与个人服务	烘焙	（Bakery）
	美容	（Beauty Therapy）
	烹饪（西餐）	（Cooking）
	美发	（Hairdressing）
	健康与社会照护	（Health and Social Care）
	糖艺 / 西点制作	（Pâtisserie and Confectionery）
	餐厅服务	（Restaurant Service）

运输与物流	飞机维修	（Aircraft Maintenance）
	车身修理	（Autobody Repair）
	汽车技术	（Automobile Technology）
	汽车喷漆	（Car Painting）
	货运代理	（Freight Forwarding）
	重型车辆维修	（Heavy Vehicle Maintenance）

第44届世界技能大赛，中国代表团派出了52名选手参加了47个项目的比赛。第45届世界技能大赛，中国拟新增参赛以下5个项目：建筑石雕、混凝土建筑、油漆与装饰、健康和社会照护、水处理技术。

CHAPTER 2

一个世界技能大赛
周期时间轴

我们的世界技能大赛旅程

烘焙项目

全国选拔赛：
2016 年 9 月 18 日
中国 重庆

九进五选拔赛：
2017 年 1 月 16 日
中国 重庆

五进二选拔赛：
2017 年 6 月 7 日
中国 东莞

二进一选拔赛：
2017 年 6 月 10 日
中国 苏州

第 44 届世界技能大赛决赛：
2017 年 10 月 15 日
阿联酋 阿布扎比

糖艺 / 西点制作项目

全国选拔赛：
2016 年 8 月 13 日
中国 上海

七进四选拔赛：
2017 年 1 月 12 日
中国 北京

四进二选拔赛：
2017 年 4 月 28 日
中国 上海

二进一选拔赛：
2017 年 6 月 25 日
中国 北京

第 44 届世界技能大赛决赛：
2017 年 10 月 15 日
阿联酋 阿布扎比

花式法棍

花式法棍

花式法棍

花式法棍

传统法棍

佛卡夏

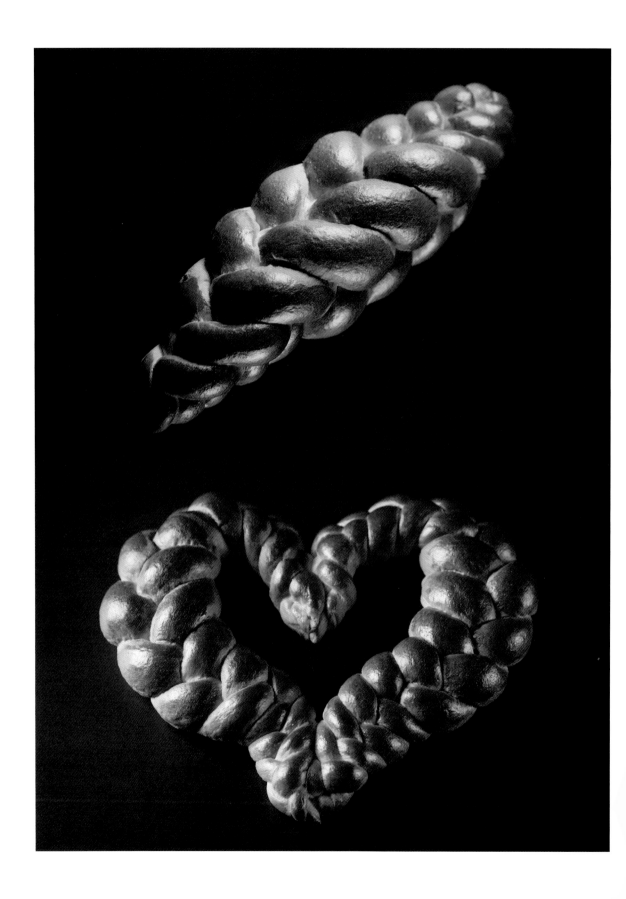

CHAPTER 3

第 44 届世界技能大赛

烘焙项目赛题解读：
配方及制作

配方

T65 面粉	500 克
黑麦粉	500 克
盐	20 克
鲜酵母	40 克
水	650 克
黄油	120 克
罂粟籽	适量
玉米籽	适量

制作过程

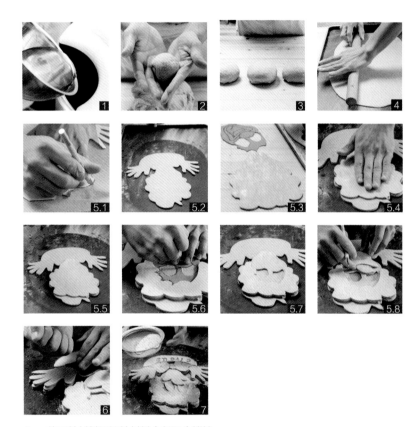

1　将干性材料和湿性材料全部混合搅拌。

2　搅拌至表面光滑、有延展性。

3　出面温度控制在22~24℃，基础醒发45分钟，分割成500克的面团。

4　将面团压平，放入冷藏柜冷藏。

5　冷藏好后，将小丑模具放在面团上进行雕刻。

6　将雕刻好的面团叠在一起，分别撒上罂粟籽和玉米籽。

7　表面进行筛粉，划刀，以上火230℃ 、下火210℃、并喷3秒蒸汽烘烤20分钟
　　即可。

注意事项

1　面团只需打到基本扩展、表面光滑即可，打过或未起筋，都会影响面团塑形的好坏。

2　制作模具过程中需分好每一层的切面，才能有很好的立体感。

3　面团冷藏不需过硬，否则容易导致面皮出现裂痕。

4　烘烤过程中，要先喷蒸汽，再放入烤箱烘烤，否则面包表皮面粉会脱落。

配方

T55 面粉	1000 克	天然酵母	200 克
盐	20 克	牛奶	400 克
糖	200 克	蛋黄	200 克
鲜酵母	40 克	黄油	350 克

制作过程

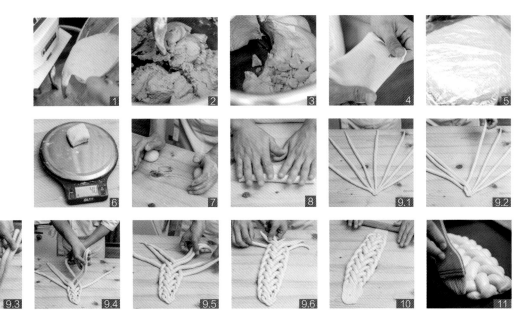

1　将除黄油外的干性材料和湿性材料一起搅拌均匀。

2　继续搅打至面团基本扩展，呈表面光滑的状态。

3　分次加入黄油，慢速搅拌，使黄油完全融于面团。

4　搅打至完全扩展，能拉出薄膜即可。

5　将温度控制在22~28℃，基础醒发40分钟。

6　将面团分割为每个50克。

7　滚圆，以手掌内侧往中间收力。

8　取出一块面团，将其擀成圆柱形，一共擀7根。

9　将第四股和第五股抬起，压在第六股上面，将第二股和第三股抬起，压在第一股上面，以此类推往下编。

10　编织好用后擀面杖将两端压平，收在底部，醒发至1.5倍大小。

11　表面刷一层蛋液，以上火170℃、下火170℃烘烤20分钟即可。

注意事项

1　打面温度和延展度都是制作辫子面包面团的重要细节。

2　编辫子的手法一定要熟练，切记编乱。

3　在擀面团的过程中，松弛要到位，不然容易搓断面筋。

4　烘烤大面团时，烤箱温度要降低，长时间较低温烘烤，才容易烤熟。

C1
第一天

模块 C - 风味产品

风味咸派

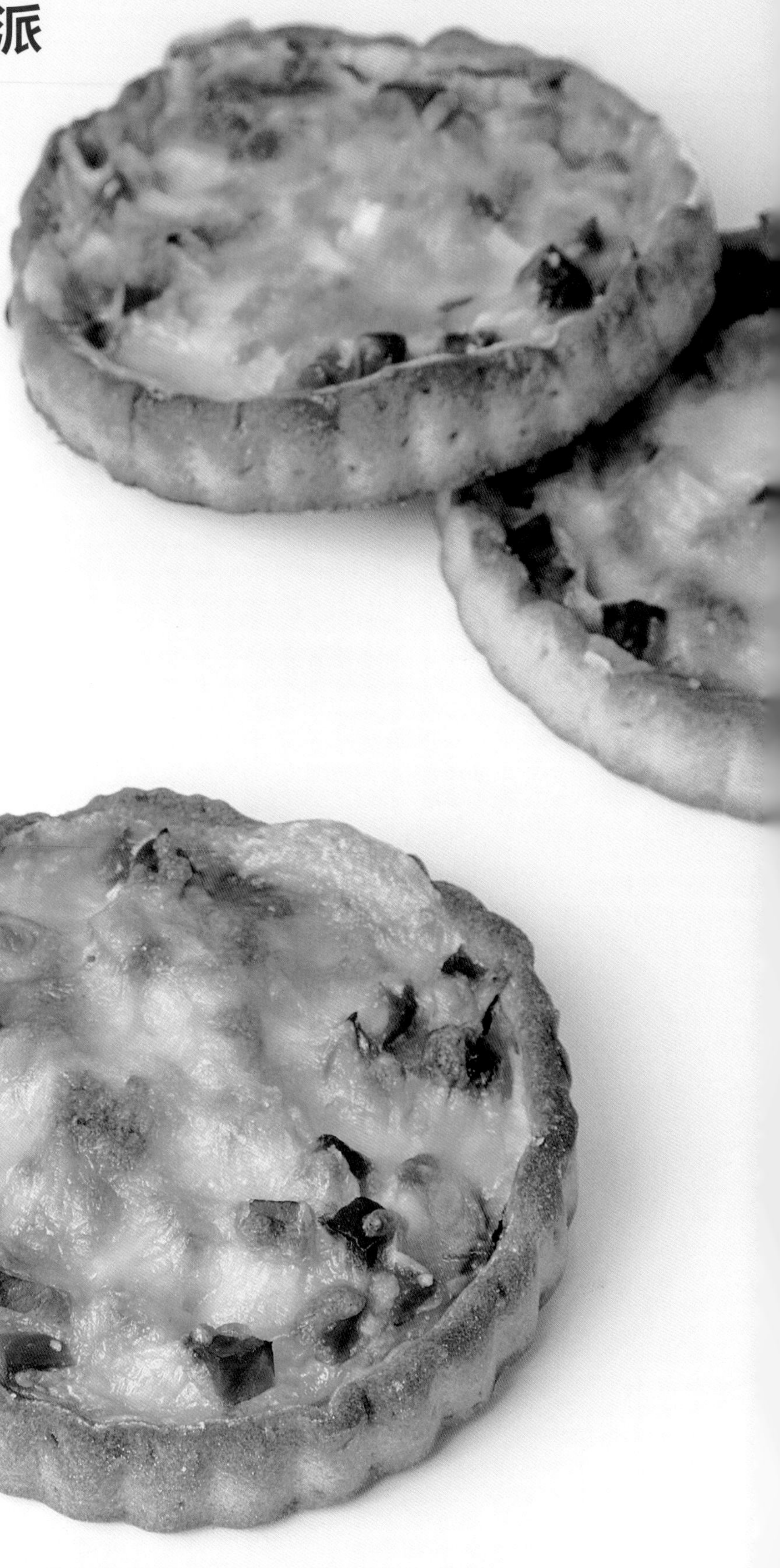

配方

T65 面粉	1000 克	牛奶	100 克
盐	18 克	鸡蛋	500 克
糖	163 克	水	66 克
鲜酵母	24 克	黄油	500 克

辅料（一份的量）

洋葱	少许
白蘑菇	2 个
大蒜	少许
菠菜	少许
火腿肉	50 克
马苏里拉芝士碎	少许

派液

鸡蛋	50 克
淡奶油	100 克

制作过程

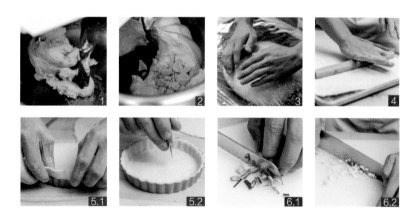

1　将除黄油外的干性材料和湿性材料搅拌均匀。

2　慢速打至面团基本扩展至表面光滑、有延展性；分次加入黄油，搅拌至表面光滑。

3　出面温度为22~24℃。

4　擀平面团，厚度控制在0.5厘米左右，冷藏。

5　压出圆形，放入派盘中，去掉多余的底边，打孔，备用。

6　将准备好的辅料切碎。

7　将黄油加热融化，加入大蒜、洋葱，爆炒火腿，制得咸味火腿，备用。

8　将菠菜洗净，然后将菠菜用开水微煮20秒，变软即可，排出菠菜的水分，放入派盘第一层。

9　将切好的蘑菇从外向里均匀摆在第二层。

10　将准备好的咸味火腿铺在第三层。

11　盖上一层芝士碎。

12　将蛋液和淡奶油混合搅拌，倒入派盘，入炉以上火190℃、下火180℃烘烤20分钟即可。

注意事项

1　塔皮底部需要扎孔，否则烘烤过程中底部容易凸起。

2　菠菜要均匀平整放置，否则口感会不均匀。

3　菠菜一定要清洗干净。

配方

T65 面粉	1000 克
盐	15 克
鲜酵母	20 克
天然酵种	200 克
水	650 克
分次加水	250 克

风味材料：

小番茄，去核黑橄榄，橄榄油，
普罗旺斯香料　　　　　　适量

制作过程

1　将干性材料和湿性材料全部混合搅拌。

2　搅拌至表面光滑有延展性，慢速分次加入水，让面团吸收水分。

3　出面温度控制在22~24℃，基础醒发45分钟，翻面后再醒发45分钟。

4　将面团分割成每个400克，放入烤盘中，用手指戳洞，以温度30℃、相对湿度
　　80%醒发至1.5倍大小。

5　将小番茄洗干净，对半切。

6　用少许盐和橄榄油浸泡小番茄10分钟至入味，以上火150℃、下火150℃烘烤
　　10分钟即可。

7　醒发好的面团表面刷油，打孔，把烘烤的小番茄和橄榄果放在表面，撒上一点
　　香料，以上火190℃、下火230℃烘烤18分钟左右，出炉刷上橄榄油。

注意事项

1　像这种水分含量高的面团，分次加水的过程中要少量多次加入，面团才好吸收。

2　水分含量高的面团容易出现塌陷，烘烤过程中要注意。

配方

T65 面粉	1000 克
盐	15 克
鲜酵母	20 克
天然酵种	200 克
水	650 克
罂粟籽	适量
橄榄油	适量

制作过程

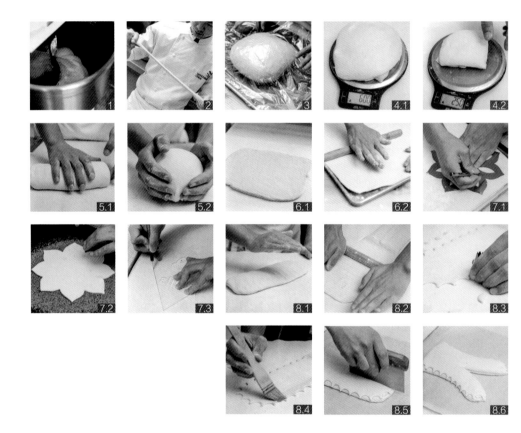

1. 将所有的干性材料和湿性材料混合搅拌。
2. 搅拌至表面光滑、有延展性。
3. 出面温度控制在22~24℃，用包面纸包好，基础醒发45分钟。
4. 分别分割成500克和250克的面团。
5. 将面团分别整形成圆柱形和圆形两种不同的形状，松弛15分钟左右。
6. 取出一块面团，制作法式面包表皮，擀平后冷藏冻硬。
7. 将不同的雕刻版放在面皮表面，用雕刻刀进行雕刻；花型的面皮表面用罂粟籽装饰。
8. 取出一块500克的面团，面团排气，将前三分之一用擀面杖擀平，用裱花嘴将擀平的部分如图切出花纹，表面刷上橄榄油。

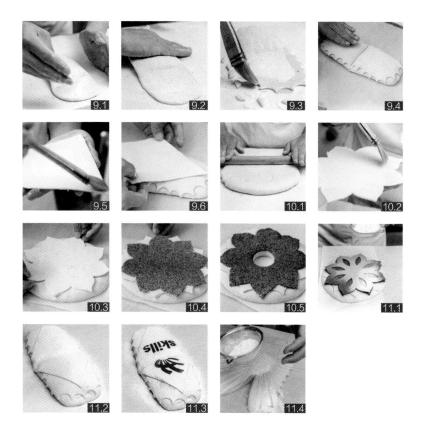

9　取出两块250克的面团，面团排气，将前三分之一的部分擀平，用裱花嘴将擀平的部分切出花纹，表面刷上橄榄油，表面再盖上菱形的面片，并刷上油。

10　取出一块500克的圆形面团，进行排气，把雕刻好的花瓣都刷上油，交叉放在面团表面（装饰罂粟籽的那块放在上面），中间用圈模压出一个圆形的孔。

11　室温醒发至1.5倍大小，分别将三款法式面包进行表面筛粉，以上火230℃、下火210℃、蒸汽500毫升烘烤25分钟左右。

注意事项

1　法式面团的塑形控制在于对面团的掌控，筋度要把握好。

2　盖在面包表面的面皮不宜太薄，否则容易烤煳；过厚则不易达到翘边的效果。

3　刷油的过程中不宜太多或太少，都会影响面包的外观。

4　罂粟籽的使用要根据各个国家食品法规的规定正确使用。阿联酋允许将罂粟籽作为面包装饰。

配方

T65 面粉	400 克	天然酵种	200 克
黑麦粉	600 克	黑麦酵种	200 克
盐	15 克	水	600 克
鲜酵母	20 克		

制作过程

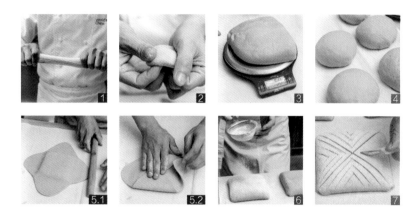

1　将干性材料和湿性材料全部混合搅拌，搅拌至表面光滑、有延展性。

2　出面温度控制在22~24℃，基础醒发45分钟。

3　将面团分割成每个500克。

4　进行滚圆，松弛20分钟左右。

5　将面团四边擀开，中间预留一个正方形，将边角对折形成一个正方形。

6　室温醒发1.5倍大小，表面筛粉。

7　对角线分割划上刀口，每四分之一划上对角线，以上火240℃、下火210℃、
　　蒸汽500毫升烘烤35分钟左右即可。

注意事项

1　黑麦面包要体现出酸味，在醒发过程中要注意面团的温度。

2　正方形面团整形后在醒发过程中会变形，烘烤前需调整。

1 | 面团配方

T55 面粉	1000 克	天然酵母	200 克
盐	20 克	牛奶	400 克
糖	200 克	蛋黄	200 克
鲜酵母	40 克	黄油	350 克

2 | 巧克力酥粒

配方

黄油	50 克
糖粉	50 克
鸡蛋	20 克
低筋面粉	120 克
可可粉	20 克

制作过程

1　将黄油和糖粉搅拌均匀至乳白色。
2　分次加入鸡蛋搅拌均匀。
3　倒入粉类（面粉和可可粉）搅拌成团即可。

3 | 乳酪夹心

配方

乳酪	100 克
糖	50 克
巧克力	20 克
蔓越莓	30 克

制作过程

1　将蔓越莓和巧克力切碎。
2　将乳酪和糖搅拌均匀。
3　加入切好的蔓越莓和巧克力，装入裱花袋备用。

4 │ 神秘材料制作过程

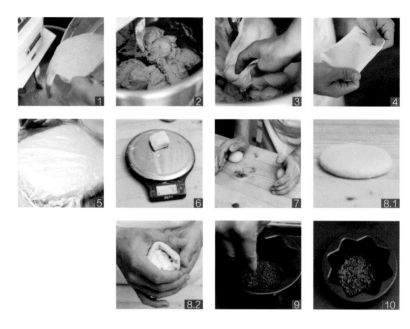

1　将除黄油外的干性材料和湿性材料搅拌均匀。

2　打至面团基本扩展至表面光滑的状态。

3　分次加入黄油，慢速搅拌至黄油完全融进面团。

4　继续搅打至完全扩展，能拉出薄膜的状态。

5　将温度控制在22~28℃，基础醒发40分钟。

6　将面团分割成每个50克。

7　滚圆，以手掌内侧往中间收力，然后松弛15分钟。

8　取出一块面团，包馅，底部收紧。

9　准备10克的巧克力酥粒，放在八角模具底部，表面喷水。

10　放入包好馅料的面团，醒发至1.5倍大小，以上火180℃、下火230℃烘烤15分钟。

注意事项 ─────

1　巧克力酥粒放入模具后要在模具底部喷点水，让酥粒烘烤过程中粘接起来，不然很容易脱落。

2　烘烤过程中，面团会急速膨胀，盖在面团表面的面团适宜厚一点。

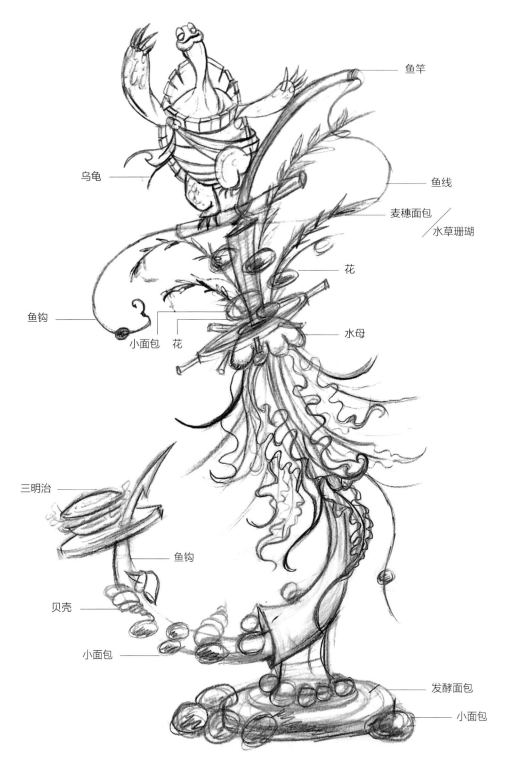

鱼竿

乌龟

鱼线

麦穗面包

水草珊瑚

花

鱼钩

小面包 花

水母

三明治

鱼钩

贝壳

小面包

发酵面包

小面包

韩磊 2017.8.10

1 | 白色面团

配方

糖水　　　500 克
糖：水 =1:1
T55 面粉　750 克

制作过程

1　将糖水烧开至100~105℃。
2　冷却糖水，将面粉和糖水慢速混合，搅拌均匀。

2 | 黑色烫面

配方

糖水　　　950 克
糖：水 =1:1
黑麦粉　　1000 克
可可粉　　80 克

制作过程

1　将糖水烧开。
2　将糖水加入黑麦粉、可可粉里，快速搅拌均匀。

3 | 配件制作

1　将所有硅胶模具喷油。
2　将白色面团塞进去。
3　放入烤箱，以上火150℃、下火150℃烘烤至颜色均匀即可。

4 | 船舵，小圆片，底部
支架类制作

1　用黑麦烫面擀一块面皮，用滚轮针在上面打孔。
2　制作船舵的圆片：用圈模压制。
3　用黑色烫面制作一个椭圆形面片，切出一个缺口。

4　用手雕刻两个相等大小的底支架。

5　用手搓一个一头粗一头细的小圆柱。

6　将以上制作完成的小配件放入烤盘，入炉以上火150℃、下火150℃烘烤至颜色均匀即可。

5 | 底座，水母制作过程

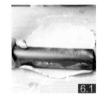

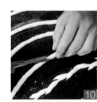

1　取一块白色面团，擀开成圆形，将边缘往上收紧。

2　用面塑棒均匀地将水母面压出纹路。

3　用锡纸捏一个圆团，放在白色面团上面，使面团成型，准备烘烤。

4　分别用黑白面团撮两条一样的长条，编成麻花状，如图所示。

5　将搓好的麻花放在圆盘上，准备进行烘烤。

6　擀一块白色的面皮，厚度在0.1~0.2厘米。

7　用刻刀刻出水母的样子，20个左右，大小不一。

8　放在装有玉米淀粉的烤盘里，定型。

9　用法式面团搓出若干长条，醒发好。

10　用剪刀剪成麦穗形状，入炉以上火230℃、下火210℃烘烤15分钟即可。

6 | 总支架
制作过程

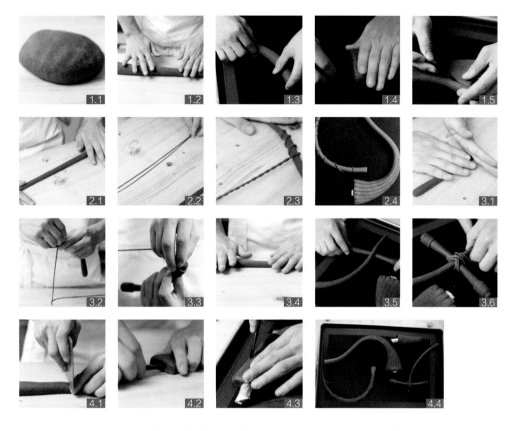

1　分出一块黑麦面团，搓出大头角，弯出半弧状，大头一边戳一个洞，表面划出条纹状，如图所示。

2　搓一条由粗变细的长条，再搓两条较细的长条，搓成麻花状，缠在细的那根上，弯成半弧状。

3　搓一根两头一样粗、中间偏细的长条，两头缠细线；再搓一条头粗尾细的长条，搭在前一条上面，用细线缠在一起，如图所示。

4　搓出一头大、一头小的圆条，压平，一头戳洞，表面划上刀口，放入烤盘，以上火150℃、下火150℃烘烤至上色即可。

7 | 鱼线制作
过程

1　搓一根细长的细条，摆成S型。

2　制作一条细线，做成鱼钩。

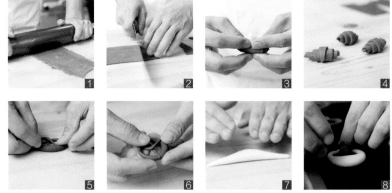

制作小面包、小可颂、小德国结之类的形状，以上下火均为 150℃ 烘烤均匀即可。

9 | 搭建艺术面包

配方

艾素糖　　适量

制作过程

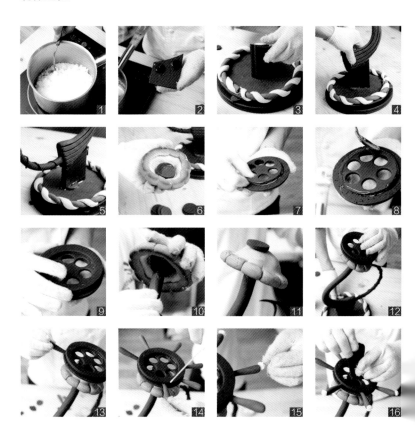

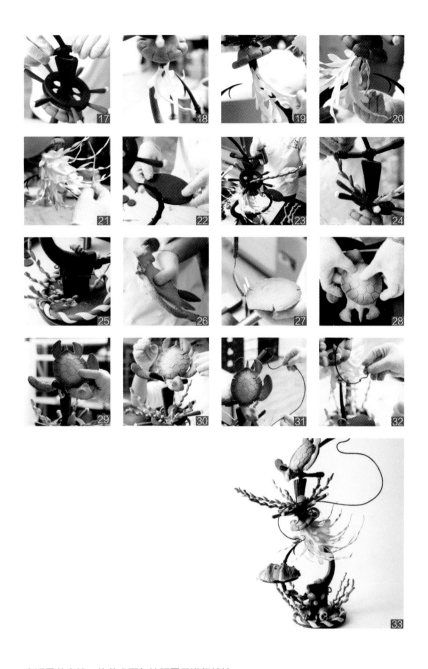

煮适量艾素糖，将艺术面包按照图示进行粘接。

注意事项

1　拼接整个作品的时候要注意安全：艾素糖温度较高，粘接时需要戴手套。

2　这款艺术面包的搭建需要很好的平衡力，粘接要稳。

3　一定要将糖浆烧开再烫面，不然不易成团。

4　糖水白色面团要完全冷却，不然打面容易出现面筋，不利于整形。

5　面团保存需放在室温下、不易风干的地方。

配方

T45 面粉	1000	克
盐	20	克
糖	130	克
鲜酵母	40	克
天然酵母	200	克
牛奶	100	克
鸡蛋	100	克
水	300	克
黄油	80	克
片状黄油	250	克

制作过程

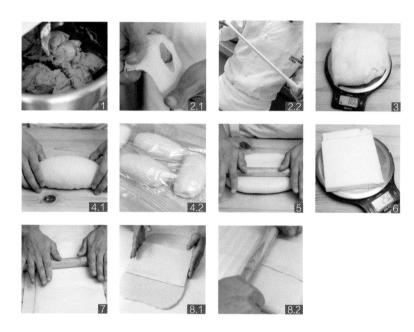

1　将干性材料和湿性材料搅拌均匀。

2　慢速打至面团基本扩展、表面光滑的状态，有延展性，出面温度为22~24℃。

3　将面团分割成每个800克。

4　整形成小圆柱的形状，室温基础醒发25分钟左右。

5　将面团擀平，排气，放入冰箱冷藏松弛。

6　分割250克片状黄油。

7　压成四方的形状，以便起酥。

8　把冷藏好的面团取出，片油大小是面团的1/2，放在面皮中间，两边包紧，面和油需要压一下，让面油融合。

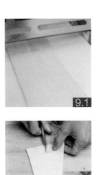
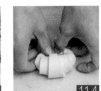

9　在开酥机上进行开酥，酥皮厚度不低于0.5厘米，以四折一次、三折一次进行开酥，对折口划刀口，以便于开酥。

10　冷藏松弛20分钟左右，进行开酥，宽度控制在28厘米左右，然后开始裁丹麦10厘米×28厘米，每个70克。

11　将丹麦面团底部中间切开，两边角向外面和前面方向推卷，弯成牛角形状。

12　以温度30℃、相对湿度80%醒发至1.5倍大小。

13　表面刷蛋液，以上火180℃、下火180℃烘烤15分钟左右。

注意事项

1　起酥过程中要少放手粉。

2　起酥面团和油的软硬要掌握好。

3　丹麦不宜卷太紧。

风味馅料丹麦

1 | 面团

配方

T45	1000 克	牛奶	100 克
盐	20 克	鸡蛋	100 克
糖	130 克	水	300 克
鲜酵母	40 克	黄油	80 克
天然酵母	200 克		

制作过程

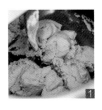   

1   首先将干性材料和湿性材料混合并搅拌均匀。

2   慢速打至面团基本扩展至表面光滑、有延展性。出面温度22~24℃左右。

3   将面团分割为每个800克。

2 | 双色丹麦面团

配方

面团	200 克
黄油	10 克
红曲粉	15 克
牛奶	10 克
可可粉	10 克

制作过程

将黄油、红曲粉、牛奶和面团混合搅拌均匀至表面光滑，得到红色丹麦面团。冷藏备用。

将上述面团中的红曲粉改成深黑色可可粉，即得黑色丹麦面团。

3 | 风味馅料

配方

黄油	20 克	风味酱料	50 克
大蒜	少许	肉制品	500 克
洋葱	少许		

制作过程

1   把大蒜，洋葱，肉制品切碎。黄油放入锅中融化。

2   加入大蒜和洋葱到融化的黄油中，爆炒。

3   加入肉制品，炒匀，最后加入风味酱料调味。

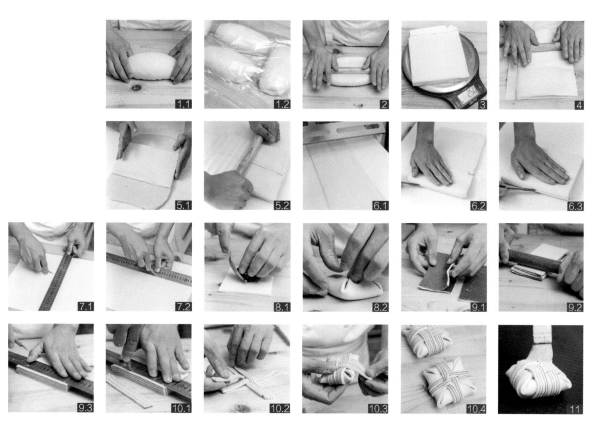

1 分别将基础面团、红色丹麦面团和黑色丹麦面团整形成小圆柱，室温基础醒发25分钟左右。

2 把面团擀平，排气，放入冰箱冷藏松弛。

3 分割出250克片状黄油。

4 压成四方的形状以便起酥。

5 把冷藏好的面团取出，片油放在中间，大小是面团的1/2，两边包紧，面和油需要压一下，让面油融合。

6 在开酥机上面开酥，酥皮厚度不低于0.5厘米，以四折一次、三折一次开酥，对折口划刀口，以便于开酥。

7 将丹麦面团延展开，裁成10厘米×10厘米的正方形。

8 每个包入风味馅料20克，对角折成正方形。

9 将一块红色开酥的丹麦皮和黑色开酥丹麦皮重叠2次，压平，裁去边角，备用。

10 用双色丹麦皮切4个大小相等的长条，叠成井形，盖在正方形上面，做成彩带，如图。

11 以温度30℃、湿度80%醒发至原体积1.5倍大小，刷上蛋液，以上火190℃、下火180℃烘烤12分钟。

注意事项

1 在包馅料的过程中尽量使起酥面团完全松弛，不然整形时正方形会变形。

2 在折叠彩带的时候，不易太紧，否则醒发过程中会变形。

1 | 面团

配方

T45 面粉	1000 克	牛奶	100 克
盐	20 克	鸡蛋	100 克
糖	130 克	水	300 克
鲜酵母	40 克	黄油	80 克
天然酵母	200 克		

制作过程

1　将干性材料和湿性材料一起搅拌均匀。

2　慢速打至面团基本扩展至表面光滑，有延展性，出面温度为22~24℃。

3　将面团分割成每个800克。

2 | 红曲粉面团

配方

面团	200 克
黄油	10 克
红曲粉	15 克
牛奶	10 克

制作过程

将黄油、红曲粉、牛奶和面团混合搅拌均匀至表面光滑，冷藏备用。

3 | 奶酪馅料夹心

配方

乳酪	100 克
糖	50 克
巧克力	20 克
蔓越莓	30 克

制作过程

1　将巧克力和蔓越莓分别切碎。

2　将乳酪和糖搅拌均匀，加入切好的蔓越莓和巧克力，装入裱花袋备用。

配方

面团　　　800克
片状黄油　250克

制作过程

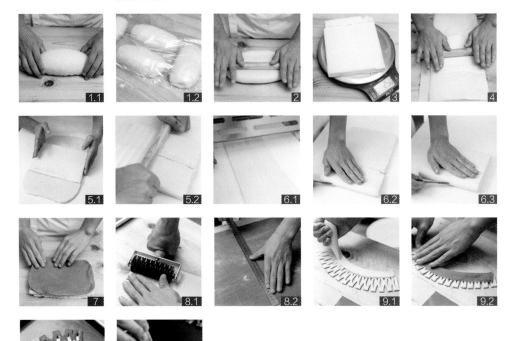

1　将面团整形成小圆柱，室温基础醒发25分钟左右。

2　将面团擀平，排气，放入冰箱冷藏松弛。

3　分割出250克片状黄油。

4　压成四方的形状，以便起酥。

5　将冷藏好的面团取出，片状黄油放在面皮中间，大小是面团的1/2，两边包紧，
　　面和油需要压一下，让面油融合。

6　放入开酥机上开酥，酥皮厚度不低于0.5厘米，以四折一次、三折一次开酥，对
　　折口划刀口，以便于开酥。

7　将冷藏的红曲粉面团擀开，盖在开好酥的丹麦面团上，压平，开长。

8　裁成18厘米×8厘米的长方形，用网轮刀在面团一半的位置裁开。

9　将准备好的奶酪馅料均匀挤在底部，对折到前面的一半，形成一个圆形花型。

10　以温度30℃、湿度80%醒发至原体积1.5倍大小，刷上蛋液，以上火190℃、
　　下火180℃烘烤12分钟。

注意事项 ————————————————————————————————

1　用红曲粉给面团调色的时候不宜过多，否则会影响外观，口感也会变苦。

2　卷入馅料的过程中，收底很重要，不要侧漏馅料。

1 | 面团

配方

T45 面粉	1000 克	牛奶	100 克
盐	20 克	鸡蛋	100 克
糖	130 克	水	300 克
鲜酵母	40 克	黄油	80 克
天然酵母	200 克		

制作过程

1　将干性材料和湿性材料全部倒入打面缸，搅拌均匀。

2　慢速打至面团基本扩展至表面光滑，有延展性，出面温度22~24℃。

3　将面团分割成每个800克。

2 | 巧克力面团

配方

原味面团	200 克
黄油	10 克
可可粉	15 克
牛奶	10 克

制作过程

将黄油、可可粉、牛奶和面团混合并搅拌均匀，至表面光滑，冷藏备用。

3 | 双色巧克力丹麦

配方

面团	800 克
片状黄油	250 克
巧克力棒	10 克（2 根，做夹心用）

制作过程

1　将面团整形成小圆柱形状，室温下基础醒发25分钟左右。

2　将面团擀平，排气，然后放入冰箱冷藏松弛。

3　分割出250克片状黄油。

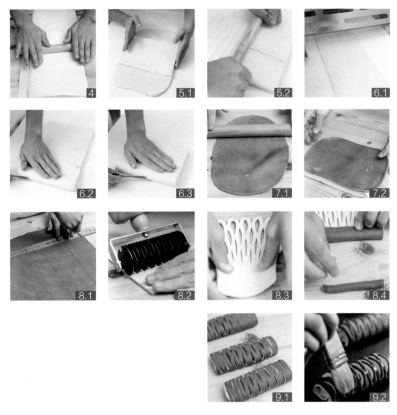

4　用擀面棍将片状黄油压成四方形以便起酥。

5　将冷藏好的面团取出，片油整成面团的1/2大小，放在面皮中间，将两边包紧，面和油压一下使面油融合。

6　放入开酥机开酥，酥皮厚度不低于0.5厘米，以四折一次、三折一次进行开酥，对折口划刀口，以便于开酥。

7　将冷藏的巧克力面团擀开，盖在开好酥的丹麦面皮上，压平，开长。

8　裁成9厘米×14厘米的长方形，重量在70~75克，放入两根巧克力棒，卷起来。

9　以温度30℃、相对湿度80％醒发至原体积1.5倍大小，刷上蛋液，以上火190℃、下火180℃烘烤15分钟。

注意事项

1　起酥过程中，巧克力面皮和丹麦表皮需要喷水，起酥过程中才不易脱落。

2　卷巧克力条的时候，拉网的地方要和头部对齐，不然卷出来的丹麦没有饱满度。

覆盆子黄油布里欧修

配方

T55 面粉	1000 克	天然酵母	200 克
盐	20 克	牛奶	400 克
糖	200 克	蛋黄	200 克
鲜酵母	40 克	黄油	350 克

表面装饰

覆盆子	若干
黄油粒	若干
细砂糖	适量

制作过程

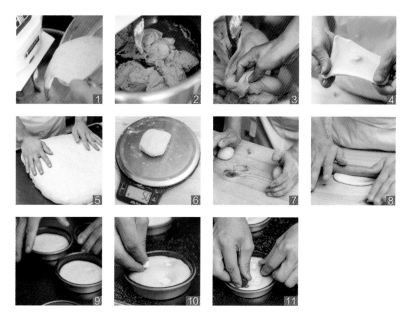

1　将除黄油外的干性材料和湿性材料一起搅拌均匀。

2　继续搅打至面团基本扩展、呈表面光滑的状态。

3　分次加入黄油，慢速搅拌，使黄油完全融于面团。

4　搅打至完全扩展，能拉出薄膜即可。

5　将温度控制在22~28℃，基础醒发40分钟。

6　将面团分割为每个50克。

7　滚圆，以手掌内侧往中间收力，松弛15分钟。

8　取出一块面团，擀成圆形。

9　将擀好的面皮放入圆形模具里，以温度30℃、相对湿度80%醒发至体积1.5倍大小。

10　表面装饰细砂糖，按入黄油粒。

11　再装饰上速冻好的覆盆子，以上火180℃、下火180℃烘烤12分钟，表面呈现金黄色即可。

注意事项

1　擀制的圆形面团要均匀，烘烤出来的形状才会平整。

2　按入黄油和覆盆子后，面团会跑掉一部分醒发的气体，需再次醒发一会再进行烘烤。

3　模具烘烤过程中不易排气，出炉后要轻轻震一下烤盘，排除底部空气。

配方

T55 面粉	1000 克	天然酵母	200 克
盐	20 克	牛奶	400 克
糖	200 克	蛋黄	200 克
鲜酵母	40 克	黄油	350 克

制作过程

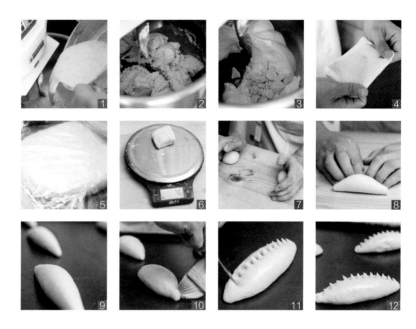

1　将除黄油外的干性材料和湿性材料搅拌均匀。

2　打至面团基本扩展，表面光滑。

3　分次加入黄油，慢速搅拌至黄油完全被吸收进面团。

4　搅打至完全扩展，能拉出薄膜的状态。

5　温度控制在22~28℃，基础醒发40分钟。

6　将面团分割成每个50克。

7　搓圆，以手掌一侧往里进行滚圆，松弛醒发20分钟。

8　整形成中间饱满、两头稍细的橄榄形。

9　制作好橄榄形面团，醒发，以温度30℃、相对湿度80%醒发至原体积的1.5倍大小。

10　表面刷蛋液。

11　用剪刀平行进行剪口，呈尖状。

12　入炉以上火180℃、下火230℃烘烤15分钟。

注意事项

1　搓圆这个步骤要求橄榄包的基本功掌握要扎实。

2　在剪刀口的过程中，如果剪刀不易剪口，剪刀尖部可以蘸上少许水。

1 | 面团配方

T55 面粉	1000 克	天然酵母	200 克
盐	20 克	牛奶	400 克
糖	200 克	蛋黄	200 克
鲜酵母	40 克	黄油	350 克

2 | 芒果百香果馅料

配方

百香果果蓉	150 克	糖	100 克
芒果果蓉	100 克	鸡蛋	100 克
黄油	100 克	蛋黄	20 克
牛奶	150 克	速溶吉士粉	50 克

制作过程

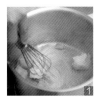 

1　将百香果果蓉、芒果果蓉、黄油加热融化。

2　将牛奶和速溶吉士粉搅拌均匀至无颗粒。

3　将蛋黄、鸡蛋和糖搅拌均匀。

4　小火加热，加入"步骤2"和"步骤3"的材料。

5　慢火将馅料煮至黏稠，边煮边用刮刀搅拌。

6　用裱花袋将馅料挤入模具中，冷藏备用。

3 | 菠萝皮

配方

黄油	50 克	鸡蛋	20 克
糖粉	50 克	低筋面粉	150 克

制作过程

 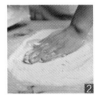 

1　将黄油和糖粉搅拌至均匀的乳白色。

2　分次加入鸡蛋，搅拌均匀。

3　倒入粉类（面粉），搅拌成团即可。

4　擀平压薄，用圆模压刻出面皮的形状。

4 | 紫薯菠萝皮

配方

黄油	50 克	低筋面粉	120 克
糖粉	50 克	紫薯粉	20 克
鸡蛋	20 克		

制作过程

1　按照菠萝皮的制作过程做出紫薯菠萝皮（加入的粉类包括面粉和紫薯粉），用五瓣花模具压出形状。

2　将五瓣花紫薯菠萝皮叠在圆形的菠萝皮上面。

5 | 五瓣花布里欧修
制作过程

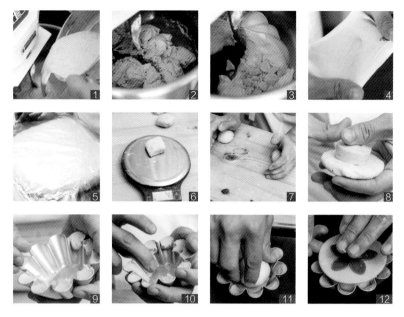

1　将除黄油外的干性材料和湿性材料一起搅拌均匀。

2　继续搅打至面团基本扩展，呈表面光滑的状态。

3　分次加入黄油，慢速搅拌，使黄油完全融于面团。

4　搅打至完全扩展，能拉出薄膜即可。

5　将温度控制在22~28℃，基础醒发40分钟。

6　将面团分割为每个50克。

7　滚圆，以手掌内侧往中间收力。

8　包入冻好的芒果百香果馅料，底部收紧。

9　在12头菊花模具表面喷脱模油，将菠萝皮均匀分布在每一个凹槽中。

10　均匀地将菠萝皮向模具底部推开。

11　将包好的馅料面团放入模具中间。

12　将制作好的五瓣花菠萝皮放在表面，醒发至1.5倍大小，以上火180℃、下火230℃烘烤15分钟。

注意事项

1　芒果百香果的馅料在加淀粉过程中，容易出现底部糊底的状态，需用小火，慢速搅拌均匀。

2　菠萝皮搓发后塑形时容易断裂，注意不要搓得太发。

3　在制作五瓣花布里欧修花边的时候注意空隙均匀。

榛子坚果布里欧修

1	**面团配方**				

<table>
<tr><td>T55 面粉</td><td>1000 克</td><td>天然酵母</td><td>200 克</td></tr>
<tr><td>盐</td><td>20 克</td><td>牛奶</td><td>400 克</td></tr>
<tr><td>糖</td><td>200 克</td><td>蛋黄</td><td>200 克</td></tr>
<tr><td>鲜酵母</td><td>40 克</td><td>黄油</td><td>350 克</td></tr>
</table>

---

2 | 杏仁酱

配方

杏仁粉	100 克
低筋面粉	25 克
糖粉	100 克
蛋清	100 克

制作过程

将所有过筛后的材料
混合搅拌均匀即可。

---

3 | 覆盆子坚果馅料

配方

蜂蜜	100 克	黄油	50 克
鸡蛋	25 克	坚果类	若干
玉米糖浆	50 克	果干类	若干
覆盆子	100 克		

制作过程

1　将所有坚果和果干切碎。

2　将蜂蜜、玉米糖浆、黄油加热融化。

3　加入切碎的坚果和果干，搅拌均匀，分次加入鸡蛋和覆盆
　　子，搅拌均匀即可。

---

4 | 表面装饰

配方

榛子粒（烤熟）	若干
糖粉	若干

5 | 布里欧修制作过程

1 将除黄油外的干性材料和湿性材料一起搅拌均匀。

2 继续搅打至面团基本扩展，呈表面光滑的状态。

3 分次加入黄油，慢速搅拌，使黄油完全融于面团。

4 搅打至完全扩展，能拉出薄膜即可。

5 将温度控制在22~28℃，基础醒发40分钟。

6 将面团分割为每个50克。

7 滚圆，以手掌内侧往中间收力，然后松弛15分钟。

8 将面团擀开，包入覆盆子坚果馅料。

9 底部收紧，不要出现露馅的情况，放入八角模具中，以温度30℃、相对湿度80%醒发至体积1.5倍大小。

10 表面装饰杏仁酱料，并撒上烤熟的榛子粒。

11 筛上糖粉，入烤箱，以上火180℃、下火220℃烘烤15分钟。

注意事项

1 含油量过高的面团，要分次加油，不要在未形成好网络结构的情况下大量添加，容易导致面温变高，面团不易成团。

2 收口的时候一定要收紧，否则醒发过程中很容易出现底部收不紧、馅料侧漏的情况。

3 表皮杏仁酱不宜太稠或者太稀，否则表面不易出现虎纹。

4 糖粉最好筛2次。

三明治面包

配方

T65 面粉	1000 克
盐	15 克
鲜酵母	20 克
天然酵种	200 克
水	650 克
分次加水 （最后加）	250 克

辅助材料

罗马生菜	少许	黑橄榄	少许
春笋	少许	普罗旺斯香料	少许
火腿	少许	橄榄油	适量
脆萝卜	少许	盐	适量
熟鸡蛋	少许	芝士片	适量
丘比沙拉	少许		

制作过程

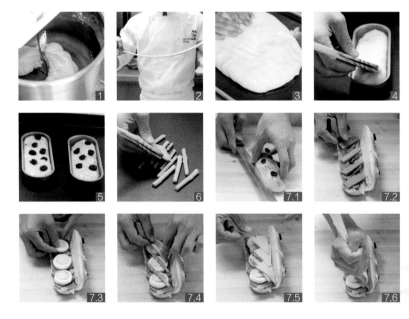

1　将干性材料和湿性材料全部混合搅拌。

2　慢速分次加入水，让面团吃进去，搅拌至表面光滑有延展性。

3　出面温度控制在22~24℃，基础醒发45分钟，然后进行翻面，继续醒发45分钟。

4　将面团分割成每个60克，放入模具中，用手指在表面戳洞，以温度30℃、相对
　湿度80%醒发至1.5倍大小。

5　表面洒上橄榄油，放上黑橄榄，撒上少许普罗旺斯香料，以上火230℃、下火
　210℃烘烤15分钟即可。

6　将春笋切小段，加入橄榄油和少许盐，拌匀，以150℃炉火烘烤10分钟左右即可。

7　将三明治面包切开，分别摆上罗马生菜、火腿、脆萝卜、鸡蛋、春笋、芝士片，
　挤上丘比沙拉酱，盖起来即可。

注意事项

1　注意卫生。

2　注意食材的新鲜度。

CHAPTER 4

第 44 届世界技能大赛

糖艺 / 西点项目赛题解读：
配方及制作

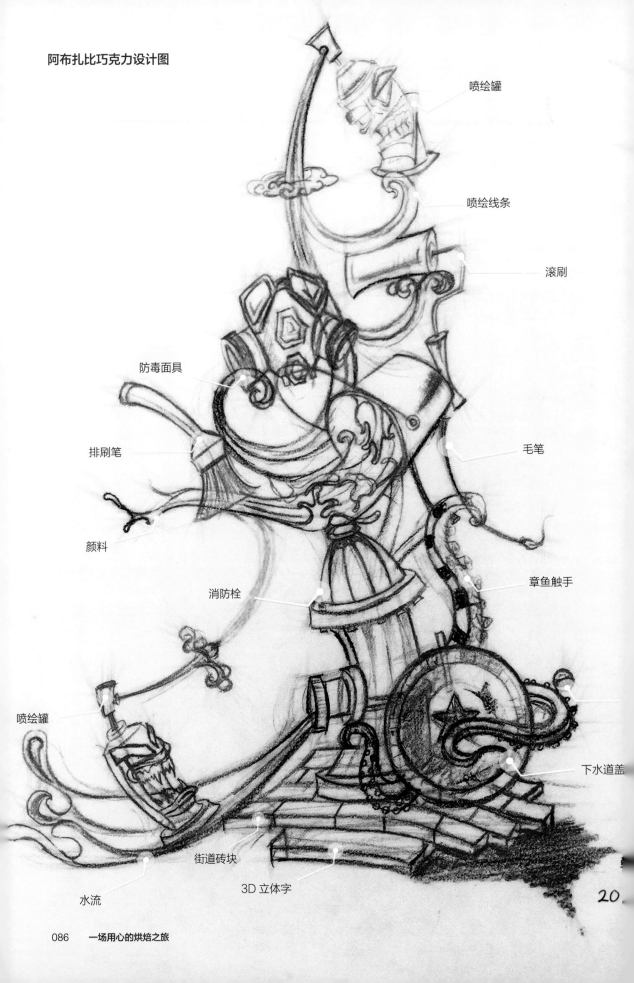

阿布扎比巧克力设计图

喷绘罐

喷绘线条

滚刷

防毒面具

毛笔

排刷笔

颜料

消防栓

章鱼触手

喷绘罐

下水道盖

街道砖块

3D 立体字

水流

20

百香果小甜品

1 | 甜酥面团

配方

无盐黄油	112 克	蛋黄	25 克
糖粉	69 克	全蛋	20 克
杏仁粉	26 克	低筋面粉	188 克
盐之花	2 克	高筋面粉	48 克

2 | 芒果橘子果冻

配方

橘子果蓉	62.5 克
芒果果蓉	25 克
幼砂糖	37.5 克
NH 果胶	1.5 克
吉利丁粉	1 克

制作过程

1　准备芒果橘子果冻配方的材料，将吉利丁粉泡6倍水备用。
2　将橘子果蓉和芒果果蓉加热至45℃，加入糖和NH果胶，用蛋抽不停地搅拌至沸腾。加入泡好的吉利丁，搅拌均匀。
3　倒入模具至半满，放入速冻柜中速冻。

3 | 榛果慕斯

配方

50% 榛果酱	55 克
牛奶	28 克
吉利丁粉	2 克
淡奶油	80 克

制作过程

   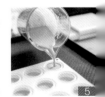

1　将牛奶加热至30℃，倒入量杯中。
2　吉利丁泡水，将其融化后倒入量杯中。
3　加入榛果酱。
4　加入淡奶油，用均质机均质。
5　倒入模具中，倒满，放入速冻柜中速冻。

4 | 百香果奶油

配方

百香果果蓉 150 克
幼砂糖　　 113 克
鸡蛋　　　 86 克
吉利丁　　 7 克
黄油　　　 112 克

制作过程

1　将百香果果蓉加糖煮至80℃。

2　将"步骤1"倒入鸡蛋中，一边倒一边不停地搅拌。

3　不停搅拌至80℃时停火。

4　在量杯中加入黄油、吉利丁，然后筛入煮好的酱汁。

5　将所有材料用均质机均质。

6　倒入模具中，至五分满。

7　将冻好的芒果橘子果冻取出，填入模具中，放入速冻柜中速冻。

5 | 淋面

配方

透明镜面果胶　　　　400 克
金粉　　　　　　　　适量

制作过程

 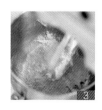

1　将黄油、糖粉、盐、杏仁粉倒入打蛋缸内，搅拌均匀。

2　分三次倒入鸡蛋，搅拌均匀。

3　将低筋面粉和高筋面粉过筛，倒入打蛋机内，混合均匀。

4　将面团取出，放在两层烤盘纸中，擀平至3毫米厚，速冻。

5　用圈模压出圆片。

6　将压好的圆片放在透气的烤垫上，入炉以170℃烘烤10分钟。

7　将小蛋糕取出，表面淋上透明淋面。

8　用抹刀将多余淋面抹掉。

9　将小蛋糕用抹刀挑在烤好的饼干底上。

6 ｜香蕉香缇奶油

配方

淡奶油	100 克
幼砂糖	10 克
香蕉果蓉	10 克

制作过程

1　将淡奶油、幼砂糖、香蕉果蓉倒入容器中。

2　打发至九成，装入裱花袋备用。

3　将奶油挤在小蛋糕上，最后装饰上巧克力装饰件即可出品。

蛋糕、大蛋糕和甜点

制作过程

1　准备以下模具：亚克力支架 1个；气球10个；夹子10个；圆形底座1个；箭头形模具1个；圆筒模具1个。

2　将2000克艾素糖倒入锅中，并加入100克水。

3　将艾素糖熬煮至170℃。

4　将熬好的艾素糖均匀地倒入圆形底座模具中。

5　在另一个锅中倒入800克的糖，然后加入适量黑色色素，熬至170℃。

6　加入500克艾素糖，拌匀。

7　将拌匀的糖倒在不沾垫上，稍稍铺开。

8　用手滚成长条形。

9　上面盖上不沾垫，用擀面杖将其擀平。

10　将"步骤9"放在亚克力支架上定型，冷却后揭掉两张不沾垫，将糖直接放在支架上。

11　调一些黑色糖，倒入圆筒模具中。

12　反复转动晃匀，将多余的糖倒回锅中，等待冷却。将这个步骤重复三次。

13　圆筒形模具冷却后脱模。

14　取少量艾素糖，加入适量棕色色素和金粉，调制均匀。

15　拉制棕色糖直到出现光泽。

16　多次折叠制作出彩带。

17　将彩带拉成长条状，在桶的上下两端分别围一圈。

18　搓两个小糖球，用空心铜管压出形状。

19　分别粘在桶上端彩带的两边。

20　搓一根长条，围成圆形，切掉多余部分，制作桶的把手。

21 将把手粘在桶的两个小圆球上。

22 将桶粘在支架上。

23 调一点白色艾素糖，倒入箭头模具中，在80℃时完成弧形定型。

24 将箭头粘在支架上。

25 将底座模具脱模，粘在支架上。

26 用红色色素调制一块红色的糖。

27 反复折叠揉匀，不要有气泡。

28 取一块红色糖，拉出水滴状，使其看起来有飞溅的感觉。

29 将中间部位搓细，看起来更有线条感。

30 按照上述方式，做出大大小小不同的形状。

31 将小部件粘在桶里，呈现飞溅而出的感觉。

32 大大小小的部件要粘得有层次感。

33 调一碗银色的糖。

34 用棕色的糖在表面画上线条。

35 再用装满水的气球浸入糖中，做成花瓣的形状，冷却后脱模，大约做15瓣。

36 将花瓣拼接在支架上，一层三瓣。

37 一共拼3层花瓣。

38 拉糖支架成品完成。

制作过程

1　将熬好的透明糖倒入模具中，制作一个整球和一个半球。

2　取出一部分透明糖，调成红色，再加入银粉，调匀。

3　将剩余的红色糖加入棕色色素，调成红棕色。

4　调一点白色糖备用。

5　取一块棕色糖，搓成圆柱形。

6　弯曲并定型，做成毛笔的身体。

7　取一块白色糖，反复折叠，直到出现多层纹路。

8　从一头拉出，呈水滴状。

9　将尖拔出来，并进行弯曲，做成笔头。

10　将两个部分进行粘接。

11　用棕色糖拉出细线，绕至接口部分。

12　取一块红色糖，如图整形。

13　将边缘拉出水滴状。

14　每个水滴状都不一样，看起来要自然。

15　做成一个水滴溅起的效果。

16　将零件进行组装得到如成品图所示。

焦糖榛子

配方

榛子颗粒	120 克
糖	60 克
水	27 克

制作过程

1　将糖和水倒入锅中煮沸。

2　将榛子颗粒倒入锅中。

3　不停地翻炒至翻砂，每颗都均匀地包裹上了糖。

4　继续炒至焦糖色。

5　将炒至金黄色的榛子倒在烤盘上，铺开放凉。

6　将榛子倒入食物料理机中打碎（保留些许细小颗粒，不要完全是粉末状）。

焦糖榛子达克瓦兹

配方

焦糖榛子	172 克	蛋白	206 克
糖粉	140 克	糖	52 克
低筋面粉	28 克	蛋白粉	9 克

制作过程

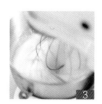

1　将糖粉、低筋面粉和榛子碎混合打匀。

2　将蛋白、糖、蛋白粉放入打蛋机内打发。

3　将蛋白打至硬性发泡。

4　将粉类（面粉）倒入蛋白霜中。

 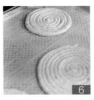 

5　用橡皮刮刀搅拌至光滑细腻的状态，注意不要消泡。

6　装入裱花袋，用圆口裱花嘴以螺旋绕圈的方式挤出6寸大小的达克瓦兹饼底。

7　表面筛一层糖粉，放入烤箱，以170℃烤13分钟。

松脆杏仁

配方

糖	108 克	低筋面粉	22 克
黄油	108 克	盐	1 克
杏仁片	80 克	香草籽	半根的量

制作过程

1　将糖、黄油、盐、香草籽放入打蛋机内搅拌均匀。

2　加入低筋面粉和杏仁片，搅拌均匀。

3　用两层油纸将以上材料夹起，用擀面杖将其擀至5毫米厚。

4　用圈模压出两个圆形，放入急冻柜冷冻。

糖蜜水果

配方

柚子果蓉	60 克	葡萄糖浆	28 克
水	60 克	糖	56 克
橘子果蓉	120 克	NH 果胶	3.5 克
香草荚	1 根		

制作过程

1 将果蓉、水、香草荚、糖浆煮至45℃，然后加入糖和NH果胶。

2 煮沸1分钟，期间不停地搅拌。

3 倒入模具中，每层120克，速冻。

百香果橘子奶油

配方

百香果果蓉	81 克	糖	30 克
橘子果蓉	40 克	吉利丁	2 克
蛋黄	55 克	黄油	45 克
蛋白	26 克		

制作过程

1 将百香果果蓉和橘子果蓉煮至80℃。

2 将蛋黄与砂糖打至糖化。

3 将上述制得的酱汁煮至80℃。

4 将煮好的酱汁过筛。

5 将酱汁、黄油、吉利丁倒入量杯中。

6 用均质机均质至光滑细腻。

7 倒在模具中，每层110克，速冻。

8 将达克瓦滋饼底裁好形状，放入模具中速冻。

巧克力奶油

配方

牛奶	87 克	牛奶巧克力	77 克
淡奶油	70 克	100% 榛子泥	15 克
蛋黄	33 克	吉利丁	4 克
糖	13 克		

制作过程

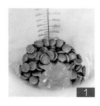 

1　将牛奶巧克力、榛子泥、吉利丁放入量杯中。

2　将蛋黄、糖充分打发。

3　将牛奶、淡奶油煮至80℃，倒入"步骤2"中混合。

4　煮至80℃离火。

5　倒入量杯中，均质至光滑细腻。

6　倒入模具中，每层80克。

7　放入另一层饼底，速冻。

巧克力慕斯

配方

淡奶油	70 克	香草荚	半根
牛奶	70 克	牛奶巧克力	275 克
蛋黄	26 克	淡奶油	260 克
糖	14 克	吉利丁	3 克

制作过程

1　将蛋黄、糖搅至发白。

2　将牛奶煮至80℃，倒入"步骤1"中，搅匀。

3　回煮至80℃。

4　过筛，倒入装有牛奶巧克力、吉利丁的量杯中。

5　均质至光滑细腻。

6　将淡奶油打发。

7　将淡奶油和巧克力酱混合搅拌均匀。

8　倒入模具中至半满。

9　放入冻好的内馅。

10　挤入慕斯，表面用抹刀抹平。

11　将松脆杏仁擀碎。

12　撒上松脆杏仁。

13　用抹刀抹平。

巧克力淋面

配方

水	280 克	糖	210 克
镜面果胶	440 克	70% 黑巧克力	126 克
可可粉	63 克	吉利丁	30 克

制作过程

1   将水与镜面果胶倒入锅中，煮至沸腾。

2   将糖和可可粉拌匀后倒入锅中。

3   煮至沸腾。

4   加入泡好水的吉利丁。

5   过筛，倒入巧克力中。

6   均质至光滑细腻。

7   倒出一小部分，调成金色。

8   温度在30℃时开始淋面。

9   趁淋面没凝固时挤上几条金色淋面，中间装饰上拉糖小造型。

10   成品装盘。

捏塑

气罐上的青蛙

配方

杏仁膏	99 克
糖粉	48 克
红、黄、绿、棕、白色色素	适量

制作过程

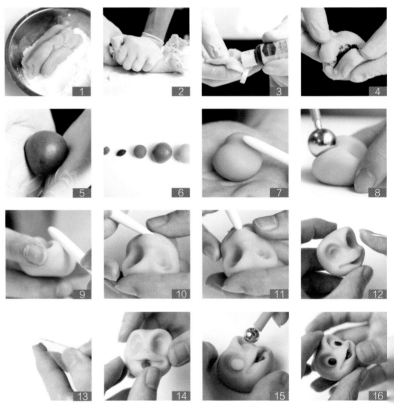

1 将糖粉和杏仁膏倒入盆中。

2 揉搓混合至糖粉完全揉进杏仁膏中。

3 将杏仁膏分成小块，分别将几种色素挤在杏仁膏上。

4 揉搓杏仁膏。

5 揉匀调完色的杏仁膏。

6 分别调出灰、黑、红、棕、绿色的杏仁膏。

7 青蛙与气罐制作：取部分绿色杏仁膏，揉成圆形，并用捏塑棒在圆球中部压一道，再用手指按压光滑。

8 用球刀在脸部的中部偏上压出眼眶。

9 用捏塑棒进行修整，使眼眶看起来更立体。

10 用捏塑棒的尖头切出嘴巴。

11 用捏塑棒的圆头挑出嘴角。

12 用迷你球刀挑出鼻孔和嘴角的酒窝。

13 取一点红色杏仁膏，中间压一刀，做出舌头。

14 将舌头装进嘴巴中。

15 取一点纯色杏仁膏，搓成椭圆形，塞入眼眶中，并用球刀压出眼白。

16 取一点黑色杏仁膏，做出眼睛。

17　取一点绿色杏仁膏，搓成水滴形，作为身体部位备用。

18　取一块棕色杏仁膏，搓成圆柱体（气罐的制作）。

19　用裱花嘴压出气罐的纹路。

20　将身体装在气罐上。

21　制作青蛙的四肢：用捏塑刀切出爪子。

22　将前肢装在身体上。

23　做气罐的喷嘴：取一点白色杏仁膏，搓成水滴型，压平大的一头，并将小的一头塞进气罐中。

24　装上青蛙的头。

25　装上青蛙的后肢。

26　纯色杏仁膏加一点红色杏仁膏，调成粉色，搓成椭圆形，做成腮红。

27　搓出两条红色线条，切出纹路。

28　把两根线条旋转起来，自然一点。

29　装在气罐的喷嘴上。

30　在青蛙的头上做出油漆桶和飞溅出来的油漆。

31　用白色素在青蛙眼睛上点上高光。

32　一只青蛙便完成了；再做一只同样的即可。

贝奥里藏特夹心巧克力

1 | 甘纳许

配方

法芙娜白巧克力	牛奶	106 克
	127 克	速溶咖啡	5 克
可可脂	12 克	无盐黄油	22 克
葡萄糖	8 克	香草精	1 克
水	3 克	牛奶巧克力（调温用）	适量
细砂糖	55 克	可食用色素 （红色、黄色、蓝色）	适量

制作过程

1　将可可脂融化，调温至30℃，用刷子洒在巧克力模具上。

2　将红色、黄色、蓝色三种食用色素与可可脂调合成红色、黄色、蓝色可可脂，洒在模具上。

3　将模具外多余的可可脂用铲刀处理干净。

4　将牛奶巧克力调温，挤入模具中。

5　将多余巧克力倒出。

6　用铲刀敲模具边，使多余巧克力流出，并用铲刀刮干净。

7　将法芙娜白巧克力、可可脂、黄油、香草精放入量杯中。

8　将速溶咖啡泡入牛奶中，加热至80℃备用。

9　将糖、水、葡萄糖倒入锅中，加热。

10　将焦糖煮至金黄色。

11　将80℃的咖啡牛奶分次倒入焦糖中，搅拌均匀。

12　将咖啡酱汁倒入量杯中。

13　用均质机均质至细腻光滑的状态。

14　将做好的甘纳许装入裱花袋中。

15　甘纳许降温至30℃，挤入模具中至半满，室温静置。

2 | 椰子榛果酱

配方

50% 榛果酱		淡奶油	34 克
	170 克	细砂糖	18 克
可可脂	30 克	椰子果蓉	45 克

制作过程

1　将榛果酱倒入量杯中备用。

2　将可可脂加热融化。

3　将淡奶油倒入可可脂中，煮沸。

4　将上述酱汁倒入量杯中。

5　加热糖和椰子果蓉。

6　将热椰子果蓉倒入量杯中。

7　将所有材料均质乳化至顺滑状态。

8　将椰子榛果酱挤入模具中至九分满，静置一夜。

3 | 挂壳

配方

牛奶巧克力　　　　　1000 克

制作过程

1　将调好温的牛奶巧克力抹在模具上，给巧克力条封底。

2　贴上胶片纸，用刮板刮平，把多余巧克力刮掉，常温静置10分钟后脱模。

巧克力造型

制作过程

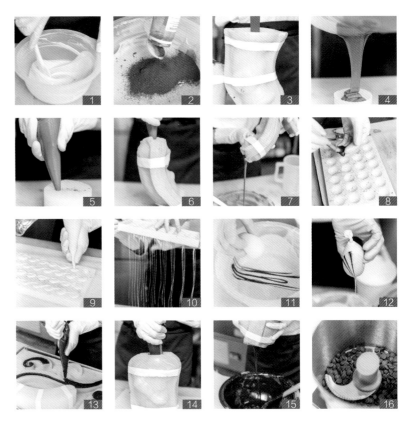

1　将白巧克力、黑巧克力、牛奶巧克力分别调温。

2　再调温一盆白巧克力，加入一瓶红色素，均质后做成红色巧克力。

3　将红色巧克力注入消防栓模具中。

4　将红色巧克力注入消防栓头模具中。

5　将牛奶巧克力注入刷子头模具中。

6　将牛奶巧克力注入气罐模具中。

7　当巧克力厚度达到0.8厘米时，将巧克力倒出。

8　将刷子浸蘸彩色可可脂，在半球模具上洒上不规则的小点。

9　将巧克力注入半球模具中。倒出多余巧克力，用铲刀将表面刮平。

10　在白色巧克力中挤几条黑色线条。

11　将吹好的气球蘸入白色巧克力中一小半。

12　举起，将多余巧克力顺势流下，一共做8个花瓣。

13　将黑色巧克力分别挤入其他实心模具中。

14　将桶的空心模具中注满巧克力。

15　当巧克力厚度达到1厘米后，将多余的巧克力倒出。

16　将牛奶巧克力放入料理机中，打成泥。

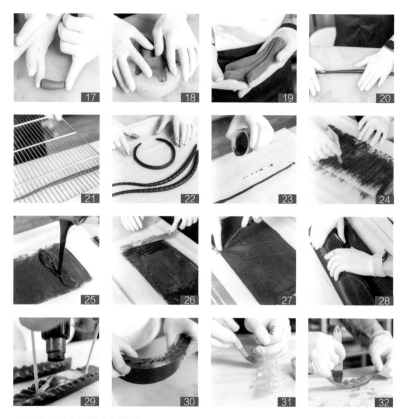

17 将巧克力泥搓出气罐头。

18 取一块牛奶巧克力，塞入模具中。

19 脱模后修整、定型。

20 将黑巧克力也放入料理机中打成泥，然后搓出多个条状。

21 用网架将巧克力条表面滚出纹路。

22 再将另一个巧克力条弯成一个桶的把手形状，定型。

23 将红色可可脂调温，倒在玻璃纸上。

24 用刷子刷出纹路。

25 将巧克力倒在上面。

26 用抹刀抹平。

27 用小刀划出花瓣形状。

28 固定在亚克力板上，定型。

29 将胶片纸剪出树叶形状。

30 用树叶模具将胶片纸定型。

31 调黄色可可脂，在树叶胶片纸上刷一层。

32 在黄色可可脂上再刷一层绿色可可脂。

33 再涂上一层巧克力。

34 冷却后脱模。

35 在玻璃纸上涂上白色可可脂。

36 倒入巧克力，表面盖上一层玻璃纸。

37 用刮板将表面刮平。

38 将提前注模的所有巧克力部件小心地脱模取出。

39 将支架的底部在热的锅底上烫平。

40 将支架粘在底座上。

41 将水桶固定在支架上。

42 将气流支架固定在桶旁边。

43 将搓好的线条组装在支架上。

44 修整，使线条组装得看起来自然一些。

45 在表面喷上棕色可可脂，晾干。

46 在黑色巧克力配件的表面都喷上可可脂。

47 将消防栓喷上红色可可脂。

48 将消防栓粘在底座模具上。

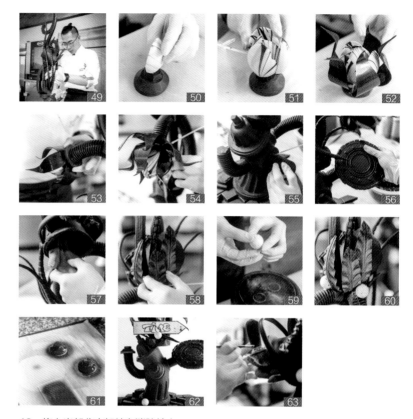

49　将上半部分支架粘在消防栓上。

50　将白色花瓣粘在底座上。

51　三瓣一层。

52　将红色花瓣粘一层。

53　将花粘在支架上。

54　粘第二层红色花瓣。

55　将水管模具粘在消防栓上。

56　将窨井盖粘在水管上。

57　将水流巧克力粘在桶内。

58　将叶子粘在支架的接口处。

59　将锅加热，将两个半球拼成小球。

60　将小球粘在叶子的接缝口上。

61　将消防盖和路牌喷上红色可可脂。

62　粘在消防栓上。

63　将刷子安装好，表面刷上金粉。

萨瓦兰

1 | 萨瓦兰面团

配方

高筋面粉	140 克	牛奶	50 克
砂糖	10 克	盐	1.5 克
鲜酵母	10 克	黄油	45 克
鸡蛋	80 克		

制作过程

1 将高筋面粉、糖、鲜酵母、鸡蛋、牛奶倒入打蛋机内，搅拌混合。

2 用桨状搅拌头搅拌5分钟，混合均匀。

3 装入量杯中，表面包上保鲜膜，发酵。

4 发酵至两倍大小即可。

5 将发酵面团、软化的黄油、盐倒入打蛋缸内，搅拌均匀。

6 装入裱花袋，挤入模具中约五分满。

7 再次发酵至八分满，放入烤箱，以170℃烘烤15分钟。

2 | 百香果糖水

配方

水	500 克	伯爵红茶	5 克
幼砂糖	300 克	樱桃白兰地	10 克
柠檬果蓉	60 克	香草荚	1 根
百香果果蓉	140 克		

制作过程

1 将所有材料倒入锅中，煮开后焖5分钟。

2 将糖水过筛备用。

3 | 香蕉香缇奶油

配方

淡奶油	200 克
幼砂糖	10 克
香草荚	半根
香蕉果蓉	15 克

制作过程

1　将淡奶油、糖、香蕉果蓉倒入打蛋缸内。

2　将香草荚剥开，取出香草籽，加入打蛋缸内。

3　将香缇奶油打发至九成（可以挤裱状态），放入冰箱冷藏备用。

4 | 装饰

配方

杏桃果胶	100 克
草莓	10 个
金粉	少许

制作过程

1　在杏桃果胶中加少许金粉，均质后装入盆中备用。

2　表面刷上杏桃果胶。

3　挤上香缇奶油，装饰上洗净的小草莓。

CHAPTER 5

世界技能大赛选手的
备战、参赛日常

不破楼兰终不还

2017年10月19日，在阿联酋阿布扎比举行的第44届世界技能大赛上，蔡叶昭经过四天的激烈角逐，战胜了法国、瑞士等烘焙强国的对手，最终摘得了中国首次参加的烘焙项目金牌。

烘焙项目比赛分为9个模块，赛程为4天，累计比赛时间为16小时30分钟。选手需要在规定时间内完成十几款面包的制作。面对这么多款不同的面包，蔡叶昭延续了他一贯以来稳扎稳打的策略，从容应对四天的比赛。然而比赛的过程并不是一帆风顺，就在第一天比赛刚开始时，蔡叶昭发现他工位里面的打面机在打面的过程中，打面缸一直在晃动，连带着操作台也在晃动。但是蔡叶昭并没有慌乱，沉着地拿起手中的沟通卡（世界技能大赛中专用的卡片，里面的图标描绘了比赛中可能出现的各种情况）向评委指出现场出现的问题，需要援助，后来两名专家过来一起配合，按住打面机，才得以顺利将面打好。第二天比赛又出现同样的情况，然而这并没有影响到蔡叶昭的情绪。

另外一件让蔡叶昭至今难忘的大概就是客户指令模块的比赛了。这个模块的比赛规则是选手在比赛前一天才能拿到裁判的指令，这也就意味着选手要在拿到考题后才能开始设计自己的产品，并在第二天将自己设计的产品制作并呈现出来。然而就在比赛开始前的两个小时，蔡叶昭还没有找到打印机，不能将自己设计的模具打印出来也就不能将模具刻出来。就在这紧张的时刻，蔡叶昭的后援保障团队一起通力协助，最终将问题解决了。问题解决后，蔡叶昭稍稍休息之后便直接投入到比赛中去了。

由于每天的比赛都是两个国家的选手共用一个工位（选手根据抽签结果分为上午场和下午场），中国选手和西班牙选手被抽到了同一个工位进行比赛。西班牙选手是上午场比赛，但是有一天该选手没有按时完成作品，导致了下午场比赛时间快到了，蔡叶昭却还进不了工位。后来首席专家临时决定让蔡叶昭搬到法国队的工位（法国队是一个单独工位），在那个紧张的时刻，蔡叶昭的内心其实还是有一点发慌的，但是他并没有乱。对于一个手艺人来说，最享受的也许就是投入到自己最擅长的技术领域里面并全神贯注于作品制作，之前的那一点点紧张便早抛到九霄云外了。

比赛场上的从容并非凭空而来，离不开平日里训练的点滴积累。蔡叶昭为了做好一个法式面包，往往要查阅很多资料，并和教练不断切磋，多次调整优化才能最终定稿。一个完美的面包历经多次的制作和改良，才能最后呈现在比赛场上。于蔡叶昭而言，法式面包是具有很大难度与挑战的，需要有很扎实的基本功才能控制好面温、水温、内部组织和烘烤颜色，对于法国面粉的掌握和熟悉也是做好法式面包的重中之重。

比赛前的几个月，正值仲夏酷暑，苏州的气温尤其高，即便是开着空调，多台烤箱的持续工作也会使室内酷热难耐。每天至少消耗掉十几斤面粉，打面、一次醒发、分割、成型、最终发酵、烘烤，每一个步骤都不容懈怠，稍有偏差，制作出来的面包便总会有这样那样的瑕疵。炽热的烤箱旁忙碌的不只是年轻工匠的身影，更是那份他对面包的热爱与对这份技术的执着钻研。怕是再也没有什么别的鸡汤可以让一个涉世未深不知道自己要什么的小伙子一天天重复着索然无味的工作流程并痴迷于其中了，唯有热爱。

蔡叶昭的话语并不多，但是每每透过训练教室的玻璃窗望进去，总能看到蔡叶昭低头专注的场景，或是在熟练地整形面团，或是趴在烤箱前看面包"涨起"的瞬间、抑或是麻利地收拾操作台……无需过多解释，仅从窗外就可以窥见蔡叶昭对做好一款面包而精益求精地不断雕琢的每一个细节，收获的满满喜悦。

这枚金牌只是一个开始，对于年轻的蔡叶昭来说，唯有数十年如一日的苦练基本功，才能在不经意间用一种强大却又朴素的气场吸引住别人，游刃有余地应对今后的每一次比赛、做好每一个面包。

青春做伴好还乡

　　吕浩然相信任何精湛技术的掌握，都需要付出很多的时间和精力不断去琢磨。即使现在已经掌握了多种制作糖艺的手法、工艺，但是在制作时，他还是会选择一个安静的地方，认真完成每一处细节的制作。这些就是平常练习时的他，认真、不急不躁、注重细节、心态超然。在拿到第四十四届世界技能大赛糖艺/西点制作项目代表中国出征阿布扎比的入场券时，他曾说："付出的汗水换来的是技能的提升和可以代表国家出征阿布扎比的荣誉。"在国家队集训备赛期间，他经常一个人在训练教室里认真、有条不紊地做着练习。面对教练和学校教学老师们，吕浩然也总是谦卑有礼。在有人需要他的协助时，他也总是很积极主动地去帮助别人。正因为这样的品质，吕浩然赢得了领导、同事和同学们的交口称赞。

　　糖艺/西点作为西方国家的舶来品，中国要在这个比赛项目中取得比较靠前的成绩本是一件不易的事情，需要选手在短时间内学习吸收大量的知识，动手制作大量的产品，并且要不断地改善创新。为了挑战世界技能大赛，吕浩然经历了400多天无间断、每天站立作业12个小时以上的高强度训练。世界技能大赛不但极大地提升了吕浩然的技术水平，也更加培养了他对这个行业的热爱与忠诚。

　　如今的吕浩然作为世界技能大赛教练，致力于为下一届俄罗斯喀山的世界技能大赛种子选手进行技术指导。世界技能大赛的糖艺/西点制作项目要求选手掌握包括拉糖、巧克力、甜点、杏仁膏捏塑等在内的多种工艺技术。每一个模块都极其考验选手的基本功，但是只要掌握每一款产品的制作原理，无论试题如何变化，都万变不离其宗。而吕浩然现在要做的就是将这些技术的"根本"交给下一届选手。他努力将自己的精湛技术和经验教训分享传授给更多的有志青年，力争培养出更多的西点技能人才，为国争光，为推动中国的技能教育发展做贡献。

第 44 届世界技能大赛烘焙项目比赛试题

简介

每位选手有16小时30分钟的时间来完成烘焙项目的所有模块。

C1-5 小时　　**C2**-4.5 小时　　**C3**-4 小时　　**C4**-3 小时

每位选手的工位和比赛顺序由世界技能官方随机分配。在比赛前两个月会在论坛里面公布视频。

神秘辫子技术、客户指令、神秘面包和神秘馅料一起组成测试项目的30%的未知部分。专家们可以在比赛前4天一起讨论进一步的变化。

在比赛前4天所有专家可以针对模块E的神秘篮子提出议案。

在比赛前4天所有专家必须对模块B辫子面包技术提出议案。

客户指令将来源于世界技能官方。

两组选手将会有各自不同的神秘馅料材料。

对于神秘面包，两组选手将会拿到相同的神秘篮子材料。

神秘馅料的材料将会在比赛前2天由专家抽签决定。

神秘面包的神秘篮子将会在比赛第1天交给选手。

选手可以在任何一天做任何模块的准备。

各模块完成后的产品需要在指定时间内呈现在选手的展示桌上。

选手作品集

每位选手要给每位专家提供一本作品集，包括：

- 标题页
- 选手简介
- 选手自带原材料的描述，包括原材料的用途
- 选手计划制作的所有面团、馅料和产品的配方，选手也可以放上草图或者照片

项目和任务描述

C1
第一天

比赛时间 5 小时

模块A – 准备

○ 选手需要准备一份简单的作品集（用英语），描述选手在比赛中即将制作的所有模块（模块A～模块I）的所有产品。

○ 选手可以在比赛第一天做出工作计划和准备工作。（准备工作可以包含所有产品，只要不将产品完成。）

○ 选手会得到一个客户指令。选手要做出所有的准备来实现客户的愿望，在第二天比赛结束前将产品完成。包括创建配方和产品草图。配方和所画的草图需要在比赛第一天交给专家。产品需在比赛第二天完成。

○ 以下是一个客户指令的例子。一款特殊场合的面包。

Quelle: http://netpratique.aforumfree.com/t696-avenay-14240-32eme-fete-du-pain-21-juin-2015

模块B – 辫子技术（神秘）

○ 每位选手需要做出若干数量的某种辫子面包。

○ 所有专家都需要提出一种辫子面包的指令。内容需要包括成品图以及如何编织的过程图片。专家们检查所有的辫子技术并从中选出至少5种用来抽签。

○ 在比赛前2天抽签决定一种辫子面包。选手会在抽签当天获得指令描述内容。

需求

配方：1000克面粉中至少要有150克黄油。

除了WSAD17中提供的麦芽制品以外，不能使用改良剂。

完成的产品需要在比赛第1天呈现在展示桌上。

作品集里面呈现的配方是一个基础配方。面团的多少会根据抽签的结果而变化。

以下是一个给予选手的辫子技术指令描述的例子。

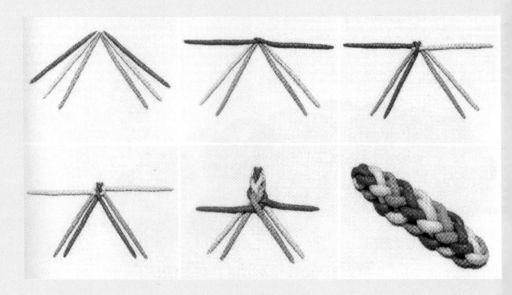

模块C – 风味产品

咸派

选手自行选择风味，所有咸派同一种风味

15厘米 x ϕ 10~12厘米

佛卡夏面包面团

除了WSAD17中提供的麦芽制品以外，不能使用改良剂。

选手需要用这些面团制作出6个佛卡夏面包，风味全部相同。

面包烤后重量为500克。

为比赛第4天制作佛卡夏三明治面包，三明治的面包需要在比赛第1天做好，一直保存到第4天。

三明治的面包可以和佛卡夏面包的风味不同，但是所有的三明治面包必须是同一种风味。

C2
第二天

模块D – 面包

小麦面包

10条600克（面团重量）的面包。

除了WSAD17中提供的麦芽制品以外，不能使用改良剂。

不能增加其他风味。

3种不同形状的面包：

3x 600克，自由形状；

3x 600 克，自由形状；

4x 600克，符合阿布扎比主题。

黑麦面包

黑麦面团中至少要有60%的黑麦。

面团需用老种面和酵母共同制作而成。

除了WSAD17中提供的麦芽制品以外，不能使用改良剂。

面包天然无添加，不允许添加任何水果、坚果等。

12条相同形状的面包。烤后重量为500克。

模块E – 神秘面包

装有原材料的神秘篮子将在比赛第1天给出。

24个相同形状的面包。

烤后重量为90~100克。

面包只能在多功能烤箱中烘烤。

面包要在比赛第2天和配方一起呈现。

C3
第三天

模块H – 千层面团（发酵）

选手要用千层面团制作4种不同的产品

可颂

15个可颂，烤后重量为50~60克。

丹麦

2种不同的丹麦，每种做15个。

产品需在烤前或烤后填入馅料或做顶部装饰。

每个成品的烤后重量需在70~85克。

1种丹麦制品，制作15个，风味馅料。

烤后重量需在70~85克。

模块G － 装饰作品

○ 艺术面包需要宣传模块I制作的佛卡夏三明治。至少一种三明治需要融入到艺术面包里面去。佛卡夏三明治需要在比赛第4天展示出来。

○ 每位选手都需要用到两种面团：一种含有酵母、一种不含酵母。最大尺寸：60厘米x 60厘米 x 80厘米。

○ 传统烘焙店通常使用的技术工具都可以使用。只有在比赛期间制作且烘烤过的可食用元素可以用来组装艺术面包。

○ 艺术面包需要一直维持到第4天比赛结束后保持不坏。

○ 选手需要在第4天呈现艺术面包。选手要说出艺术面包背后的创作理念，如何放到杂志中以及怎样帮助售卖产品。演讲时间2分钟（不包括翻译时间）。

○ 艺术面包将在第4天的3小时比赛后直接展示出来。

C4
第四天

模块F － 甜味布里欧修产品

面团是丰富甜面团（面团不允许开酥）。

4种，每种15个。

1种必须是无馅。

2种自行选择馅料。

1种的馅料要用神秘材料制作，这种材料必须是主要风味。

无馅的烤后重量在40~50克。

含馅的烤后重量在60~80克。

馅料需在烘烤前制作完成。

只有中性果胶和杏桃果胶可以在烤后刷在表面，烤后不允许进行其他装饰。

模块I – 三明治

三明治

选手要用第1天制作的佛卡夏三明治面包制作10个三明治。

三明治的总重量为150克。

至少有一个三明治需要和模块G的艺术面包放在一起并宣传。

最后呈现

在第4天比赛结束后需要在展示桌上做出最后呈现。

每个模块至少要有一个产品展示出来。

其余带入的产品或者装饰品都不允许用来摆台。

专家们可以给选手提供一个例子，以便每位选手的摆台桌看起来一样。

所需的设备、机器、装置和材料

选手可以根据设备设施清单里面的设备和原材料来完成测试项目。

（注：设备设施清单是指由主办国提供的设备、机器、装置和材料，不包括选手和专家准备的工具和材料。）

第 44 届世界技能大赛糖艺／西点制作项目比赛试题

项目和任务说明

主题

所有的产品应该贯穿于"街头艺术/涂鸦"的主题。主题必须直观体现在模块A至模块E的所有产品中。

模块

选手在四天内（每个选手2天）16小时，完成下述所有模块。选手必须遵循时间表上详细列出的每个模块的展示时间（见最后）。

定义

街头艺术/涂鸦：在公共场所创作的视觉艺术，通常是超越传统艺术场所环境下的未经批准的艺术作品。

味道：有辨识度的，能够被准确归类的风味，与其他口味和味道保持平衡。

质地：物理组成，表面或内部结构的视觉呈现和感觉。

精细度：精炼和细腻地呈现技巧和手法。

颜色：外观与颜色变化、色调和色彩；涉及艺术性上色及烘焙上色（如美拉德反应）。

整体印象：所有元素的和谐，视觉冲击。

创意：富有创意，表现力和想象力的作品。

设计：元素的组成，安排和平衡。

主题：给定主题的呈现和执行：街头艺术/涂鸦。

技术：使用不同方法/技能的复杂性和创新性。

健康与安全、卫生：参考竞赛组织者提供的题为"职业健康与安全条例"的文件。

作业书

作业书需在比赛当天一开始就摆放在展示桌上：

第一天（A组） 第二天（B组）- 整形蛋糕
第三天（A组） 第四天（B组）- 巧克力造型

○ 包含您的整形蛋糕和糖支架和巧克力造型设计的插图或图片。

- 这些应包括灵感来源以及进展过程的解释。
- 所有部件都应该有明确标注，配方则不做硬性规定。
- 每个模块提供一份作业书即可，并用英文书写。

模块A – 微型甜品，个人份蛋糕和PETITS FOUR小点心 – 神秘产品

第一天（A组）第二天（B组）

选手将会制作"微型甜品""个人蛋糕""小甜点"等种类中的一种，需做14件。

- 产品的类型将在比赛前4天由专家组进行讨论，比赛前3天如有必要，可由翻译进行翻译，比赛前2天将结果公布给所有选手和专家。
- 此产品有可能是在技术说明文件的WSSS部分中关于"微型甜品""个人份蛋糕""小甜点"条例下的任何产品。
- 每个产品，包含所有装饰在内的重量，应在30~45克。
- 所有产品的重量应在上述范围内，保持一致。
- 装饰由选手自主选择，应该突出主题。

产品应在竞赛组织者提供的盘子上呈现，数量如下：

- 1碟 4个   用于评判/品尝。
- 1碟 4个   用于餐厅服务项目。
- 1碟 6个   用于展示在展示桌上。

- 所有拼盘必须包含同一类型的相似的外形的产品，并在展示桌上同时呈现。

模块B – 整形蛋糕（包含拉糖支架）

第一天（A组），第二天（B组）

选手必须制作两个相同形状和内容自定的水果整形蛋糕，一个呈现在简单的糖支架上，另一个呈现在合适的蛋糕底板上（供品尝）：

- 被品尝的整形蛋糕（包括底板）的重量必须在800~1000克，不包括装饰。
- 水果的风味要突出。
- 两个蛋糕外表都必须有覆盖层，配方及技术自由选择，但是不能喷面。
- 一个有覆盖层的蛋糕不要装饰，呈现在选手自备的蛋糕底板上，并放置于大赛主办方提供的盘子中，切一小部分但不将其挪开，留在蛋糕底板上（整块没有装饰过的整形蛋糕将被称重，随后用于品尝）。
- 所有蛋糕在呈现时切记需解冻好，在展示的时候将会测量并且记录下蛋糕中心温度。
- 另一个整形蛋糕需要装饰，体现主题。这个蛋糕必须展示在一个简单的糖艺支架上。
- 糖艺支架可以由艾素糖和砂糖制成，高度不得超过30厘米。
- 糖支架可使用熬糖或艾素糖的任何技术，并且可以用当天手工制作的任何糖艺制品

进行进一步的装饰（例如拉糖、吹糖、铸糖、用裱花袋挤、皇室糖霜等）。

○ 主题一定要鲜明，蛋糕和支架应当相互呼应、相互补充。

○ 允许使用模具或框模。

○ 糖艺支架须在规定展示的时间内和装饰好的蛋糕一起展示。

○ 选手应该自备一个尺寸和形状配合其糖艺支架和整形蛋糕的平的亚克力或玻璃底座。

○ 大蛋糕和拉糖支架的设计以及演变（发展）过程必须在作业书中以图片形式体现，在产品制作的当天一开始就要放在展示桌上。作品和作业书上所展现的相似性会列入得分范畴。

模块C – 捏塑 – 神秘主题

第一天（A组），第二天（B组）

使用杏仁膏和翻糖膏（也可以两种一起使用），选手需要制作并呈现2件同款的捏塑造型。此项目的主题会在当天早上开小组会议的时候公布并详细说明（此主题会与比赛的大主题方向一致），选手也会拿到相应的时间安排表开始此项目的比赛。

○ 捏塑造型重量应在60~80克。

○ 每个捏塑必须看起来相同，重量、形状和颜色一致。

○ 展示中不需要配有外部底座或者额外的造型展示。

○ 每个作品单独摆放，以方便从展示托盘中取出称重。

○ 可使用的技巧包括喷笔、彩绘、火烤及翻糖膏的上色。

○ 不允许用巧克力和可可脂喷面。

○ 不得使用模具和压模，必须是手工捏塑；但允许使用刀具和捏塑的工具。

○ 只能使用杏仁膏和翻糖膏来制作，可以使用少量的皇家糖霜、色素和巧克力作一些简单的美化（比如眼睛）。

○ 不允许使用光亮剂。

○ 这些捏塑造型必须展示在主办方提供的20厘米×20厘米的托盘上。

模块D – 糖果和巧克力

第三天（A组），第四天（B组）

选手要制作1款模型巧克力棒，共14个单人份。

○ 用调温的考维曲巧克力注模中空模具，填充两种不同内馅，并严密封口。

○ 需包含两层质地对比明显的层次。

○ 在当天早上，SCM将会给出一个指定的味道（口味），选手必须修改配方来将此味道加入产品中并将呈现此味道的材料突出标记出来，此规定的味道也必须在最终的成品巧克力棒的整体口味上非常明显。

○ 完成后，每个巧克力棒（包含装饰）的重量必须在30~45g，每一个产品重量也必须相似。

○ 每个巧克力棒的尺寸最大不能超过：长12厘米，宽2.5厘米，高1.5厘米（不含装饰）。

○ 巧克力壳应该是纯的调温考维曲巧克力，不掺杂任何其他脂肪或油，如果需要，可以添加可可脂。

○ 根据您的喜好，可以使用调温过的黑巧克力、牛奶巧克力或白巧克力。

○ 不能使用转印纸。

○ 不得使用糖，艾素糖或杏仁膏制作的作品来作为巧克力棒的装饰。

○ 装饰品可以是焦糖水果或果脯，草本类，坚果，巧克力和彩色可可脂，注意必须呼应主题。

○ 允许使用PVC吸塑压纹纸。

○ 展示：巧克力棒应该被展示在提供的盘子上，数量如下：

  ● 1碟4个　用于评分。

  ● 1碟4个　用于餐厅服务。

  ● 1碟6个　用于展示在展示桌上。

○ 所有盘子上摆的必须包含同样的产品，并且需要同时展示在展示台上。

模块E – 造型

第三天（A组），第四天（B组）

选手需只使用巧克力来设计和制作巧克力造型，使用的技巧包括灌注、成型、刷涂、抛光、雕塑、注模巧克力、雕刻、挤裱、切割和其他现代技术。造型中必须同时用到调温的黑巧克力，牛奶巧克力以及白巧克力。

○ 允许使用色素和喷枪，但是注意调温巧克力必须占主导，以展示调温技巧，我们建议喷色使用得越少越好。

○ 必须至少使用3种技巧。

○ 造型必须反映整个主题。

○ 允许使用模具，但是越少越好。

○ 造型尺寸不得超过50厘米x 50厘米×100厘米（高），同时高度不得低于75cm。

○ 不允许使用任何外部或内部支撑物；如有必要，裁判可以折断或刺穿造型来确定这一点。

○ 巧克力造型的设计及演变（发展）过程必须在作业书中以图片形式体现，在产品制作当天的一开始就要被放在展示桌上。作品和作业书上所展现的相像性会列入给分范畴。

○ 服务：造型需展示在展示台上的主办方提供的底座（50厘米×50厘米）上。

模块F — 神秘任务

第三天（A组），第四天（B组）

此模块比赛前4天由专家组进行讨论，比赛前3天进行翻译，比赛前2天将结果公布给所有选手和专家。

对选手的说明

○ 比赛开始前两天（C-2），选手被分组和分配工位（由Worldskills自动化系统生成）。

○ 他们将会有计划地参观比赛场地和工位，并了解大概的信息。

○ A组选手可以在熟悉日（比赛前两天）有1小时的时间整理工位，准备器皿及其他工具，选手所在国的专家可以进行协助，但是不能超过15分钟。在此期间不能处理任何食材，也不能进行称量。

○ 同一天，也就是比赛前两天，B组选手需将所有器皿工具放在主办方提供的烤盘车上，整理好以后，烤盘车会被锁在一个安全的房间，直到第一天A组比赛结束的时候才能被安置到工位上，同样的，选手所在国的专家只能协助选手15分钟。

○ B组选手在比赛第一天结束后的晚上有1小时的时间整理工位，准备器皿和其他厨房工具设备，时间是19:00~20:00（在18:45要到达，【被引导至工位】）；专家的帮助最多15分钟。在此期间不能处理任何食材，也不能进行称量。

○ A组选手在比赛第二天结束后的晚上有1小时的时间整理工位，准备器皿和其他厨房工具设备，时间是19:00~20:00（在18:45要到达，【被引导至工位】）；专家的帮助最多15分钟。在此期间不能处理任何食材，也不能进行称量。

○ B组选手在比赛第三天结束后的晚上有1小时的时间整理工位，准备器皿和其他厨房工具设备，时间是19:00~20:00（在18:45要到达，【被引导至工位】）；专家的帮助最多15分钟。在此期间不能处理任何食材，也不能进行称量。

○ 在每场比赛结束时，当天完成比赛的选手必须将自己的工具从工位中取出，将其放在提供的烤盘车上，并将其锁在安排的房间内。他们必须确保工位里留下主办方提供的设备，准备好让下一个选手使用；设备和工位区域必须清洁干净，留待下组选手使用。如果违反，则会从当天的最后一个模块中扣分。

○ A组选手比赛第2天和第3天晚上，B组选手第3天和第4天晚上可以将巧克力/考维曲和彩色的可可脂放在选手的巧克力融化炉中。

○ 配方可以使用任何食谱中的或个人收集的配方，除非指定和提供了的特定的配方。

设备，机械，设备和材料

请参阅基础结构列表和技术说明文件。

打分配分表

模块	标题	总分数
A	微型甜点，个人蛋糕和小甜点	17
B	整形蛋糕和糖艺支架	17
C	捏塑（杏仁膏，翻糖膏）	16
D	糖果和巧克力	16
E	巧克力造型	17
F	神秘任务	17
总		100

A 组	熟悉日（比赛前两天）- 打开工具箱，把工具设备放到烤盘车上					
	比赛日 8 小时	活动	展示时间	打扫，打包，专家选手交流	整理工位	
	第 1 天					
A 组	9:00~18:00 午餐： 13:00~14:00	模块 B - 作业书 模块 A - 微型甜点 模块 B - 水果整形蛋糕和糖支架 模块 C - 杏仁膏	09:00~09:10 15:50~16:00 16:50~17:00 17:50~18:00	18:00~19:00 清洁，并把所有自己的工具拿到储藏室 19:00~19:15 专家选手交流		
B 组	没有作品 午饭： 12:00~13:00				19:00~20:00 （和专家交流： 19:00~19:15)	
	第 2 天					
A 组	没有作品 午饭： 12:00~13:00				19:00~20:00 （和专家交流： 19:00~19:15)	

B 组	9:00~18:00 午餐： 13:00~14:00	模块 B - 作业书 模块 A - 微型甜点 模块 B - 水果整形蛋糕和糖支架 模块 C - 杏仁膏	09:00~09:10 15:50~16:00 16:50~17:00 17:50~18:00	18:00~19:00 清洁，并把所有自己的工具拿到储藏室 19:00~19:15 专家选手交流		
第 3 天						
A 组	9:00~18:00 午餐： 13:00~14:00	模块 E - 作业书 模块 D - 巧克力棒 模块 E - 巧克力造型	09:00~09:10 14:50~15:00 17:50~18:00	18:00~19:00 清洁，并把所有自己的工具拿到储藏室 19:00~19:15 专家选手交流		
B 组	没有作品 午饭： 12:00~13:00				19:00~20:00 （和专家交流： 19:00~19:15）	
第 4 天						
A 组	没有作品 午饭： 12:00~13:00			打包工具箱 （和专家交流： 19:00~19:15）		
B 组	9:00~18:00 午餐： 13:00~14:00	模块 E - 作业书 模块 D - 巧克力棒 模块 E - 巧克力造型	09:00~09:10 14:50~15:00 17:50~18:00	18:00~ 庆祝比赛结束 18:00~19:00 归还赛方工具并摆放好，打包工具 19:00~19:15 专家选手交流		

POSTSCRIPT | 后记

乘风破浪，砥砺前行

一、义无反顾的决心

第44届世界技能大赛是王森学校参加的第一次世界技能大赛。虽然早些年就关注过这个比赛，但是一直没有深度地去实践过，其中的原因有很多，最主要的还是中国烘焙选手鲜少参与过这个比赛。

在过去的20多年里，我参加过国内、国外许多规模不同的比赛，对比赛而言，我和我的团队已经积累了一定的经验。所以，在接到中国焙烤食品糖制品工业协会关于参加世界技能大赛的通知后，我第一时间就下决心要把这件事情做好。

我们抓紧准备预选赛，成立了世界技能大赛研究小组和训练小组，选出的组员都是王森学校的骨干力量，由我亲自带队。从校内预选到全国预选，我们扎扎实实地打好每一场比赛。从作品设计、配方的开发到选手训练，我们认认真真做好每一个细节。

但是，我们真正拿到世界技能大赛比赛规则的时候，才发现在前期的国内预选赛中的所有的技术文件、规则与之相比都是有一定误差的，而这时已经距离阿布扎比的决赛只有三个月了。

近两年时间的国内预选赛消耗了我们选手和团队太多的精力，我们的团队不得不把更多的时间放在国内每一场比赛的训练与设计研究上，国内省与省之间、学校与学校之间的竞争也非常激烈，这种比赛不仅仅考核我们选手和团队的技术水平，更在考验着我们的道德底线与人品素质，一场艰巨的比赛才刚刚拉开序幕。

在全国预选赛的初期，我觉得自己是一个行业技术专家，理应将更多的国际资源与各省各校免费分享，我很乐于这样做。在我们行业内，很多参加过国际比赛的人应该都知道参加比赛需要有大量的资金投入，我在最初设想时，就有一定的心理准备，但是最后参加世界技能大赛所投入的资金还是超出了我的想象，从国内的赛事开始，我们就邀请了很多欧洲、日本的专家来上课，尽最大的努力将国际一流赛事水准的技术带给比赛选手。

在世界技能大赛这个项目上，我们很清楚地知道我们是在为国而战、为国争光，作为一个中国烘焙技术专家，这是我追求的目标与梦想，我是一个把民族精神与爱国主义精神看得很重的中国人，我和我的团队定会为之义无反顾地去拼搏。

二、困难重重的预选期

国内的预选赛进行了将近两年才结束，最后的结果是王森学校选手蔡叶昭和吕浩然分别在烘焙项目和糖艺/西点项目中成功晋级。

两年的预选赛，我们从行业技术人员本身也可以看出很多问题，特别是年轻的技术从业者，普遍存在技术不扎实的现象。当然，扎实的技术需要长时间的磨炼与总结，年轻一辈的技术人员需要坚持不懈地实践和思考才能做到精益求精。

三、紧张的备战时期

最后的冲刺训练，烘焙项目训练的时间有三个多月，糖艺/西点项目的训练时间只有两个多月，所有的训练时间都非常紧张，在这之前我们刚刚拿到所有参赛技术文件与主题。所有阿布扎比决赛的设备全是国外进口的，很多比赛用的原材料品牌也是指定的，甚至有的原材料在国内都没听说过，所有设备的清单与材料的品牌一直到六月份才确定下来，离比赛时间越来越近，而设备材料还没到位，让我们倍感压力。我们立刻制定计划，与很多品牌商联络，开紧急会议商量对策。得益于长期以来我们与这些品牌商建立的良好合作关系，功夫不负有心人，我们所需要的所有设备和材料在半个月内全部到位。在这种世界性的比赛中，提前熟悉设备和材料的性能非常重要，因为在比赛中选手没有时间研究设备的使用方式和每一种品牌材料的性质功能。

烘焙项目和糖艺/西点项目的选手虽然进入了比赛训练状态，但此时所有的作品设计并没有定稿，我们采用的方式就是让选手每天在固定的时间地点进行训练，每一分每一秒，我们都没有懈怠！设计人员开始对作品进行设计，设计好的作品由专人开模、制作和调整。不管有多忙，我每天都会到现场去解决作品的工艺制作难度问题以及作品在成型后的构图调整和色彩调整的问题，将所有问题全部解决后再由选手重新组装制作。我们团队每天都会听取选手的想法和制作中遇到的问题，按他们所提出的意见进行修改调整，在最后的冲刺训练中尽量让选手保持良好的心态。

"一定要在规定的时间内完成一个完美的作品"，这是关键，选手为了把作品做好，每天都会到深夜才能结束当天的训练。

在选手的作品训练中，我们采用的是不断地压缩比赛时间和加大作品的制作难度这种复合的训练模式，这种"-1"与"+1"的训练效果非常的明显。对于配方、口味也一直在不断地调整，制作流程的时间、配方与口感之间的细微调整，都是非常重要的。我们邀请了多位国际著名的有比赛经验的老师来参与评判，对制作流程、口味和装饰进行调整，这些参加国际比赛的裁判（包括世界技能大赛）更多的来自欧洲，他们的口感和亚洲人有很大的不同，所以我们设计的所有产品都需依照裁判的口感来调整。

在糖艺/西点项目的巧克力条模块，我们花费了很多时间与精力对它的口感与口味进行了反复的调整，在甜品的改进上我们更尊重日本和欧洲老师的建议，对他们提出的问题进行调整。因为一些材料的细微区别（如厚度）所带来的口感都会完全不同，所以这些细节完全要靠我们团队一点一点来研究调试。

在这次世界技能大赛糖艺/西点项目上，我们获得了优胜奖，由于种种原因，这个项目的选手练习准备时间不够充足，而充足的训练时间对这种世界大赛非常重要，做10遍和做100遍所呈现出的作品是完全不一样的效果。

在从预选赛到训练的过程中，烘焙项目进行得比较顺利。在训练中因为我们了解到阿布扎比的天气炎热（白天气温在35℃以上），我们邀请的多位有世界比赛经验的专家帮我们解决了可能会出现的一些难题，例如面团从搅拌到成型制作过程中每一款产品恒温的状态问题，这点在阿布扎比的比赛中也受到了世界各国专家的肯定。艺术面包造型从设计到制作成型，我们一共做了三稿。我们是从制作时间和制作工艺两方面把选手最擅长的技法提炼出来，准与快地完成作品，尽量让选手少用模具，这样才可能得到高分。选手在赛场上的表现确实让所有的专家裁判感觉到他具有相当强的技术熟练程度。

在烘焙项目每一个模块产品的外观与口味上，我们都尽可能地按照欧洲人的视觉感与口感设计，但是在训练的最后15天中我们遇到了两个特别棘手的事情：一个是黑麦面包入口的酸味感不够，另一个是佛卡夏内部组织不好、不够蓬松。

黑麦面包是欧洲最古老的面包之一，现在在欧洲已经很少有人爱吃这种面包，正宗的黑麦面包闻起来要有酸的发酵味和香的黑麦味，入口后也要有酸味与麦香味。我们在训练中遇到的问题是闻起来有酸味但是入口没有酸味，我们在训练前期并没有关注这个问题，临近比赛出发时间只有十多天的时候，我们意识到了这个问题。此时正赶上国庆假期，购买调试用的材料非常困难。又恰逢新店开业，我每天早上来训练场与选手、教练交流，白天他们调试制作，晚上我再过来品尝制作出的产品，那一段时间的压力大到崩溃的边缘，佛卡夏也在不断地调试。在我们团队最后的努力冲刺下终于成功，那一刻终于卸下沉重的包袱，最终佛卡夏在阿布扎比的比赛中获得模块最高分。

我的训练心得是：参加一个世界性的比赛，选手在赛场上只能靠他自己的发挥，我们要做到的就是在比赛前的训练中把所有的问题都分析到最细化，并且全部解决掉。

四、严峻的国际赛场

经过两年的预选、训练，第44届世界技能大赛终于在阿布扎比拉开序幕。此前我认为世界技能大赛的比赛节奏和职业比赛没有区别，但是从跨进赛场的那一刻起，我意识到这场比赛将是一场艰难的马拉松式比赛。我们所有新的专家裁判要接受世界技能组织的培训，培训教官已经在世界技能组织工作二十多年了，在世界技能组织担任副主席。培训分英语授课和普通话授课，包括三个方面：一是技术文件规则的解读；二是关于赛场的道德行为规范；三是谈谈赛场的其他注意事项。从那一刻起我就牢记遵守赛场的纪律规则、坚守比赛道德底线，可以不拿金牌，但决不能做有损中国人颜面的事情。

在第一天的培训中我记住一段教官所说的话，他是这样说的："这是一场不见硝烟的战役，在这场比赛中想获得冠军绝非易事"，他把这场比赛比作我们中国历史上的春秋战国。那一刻我还不能真正理解其中的意思，在世界各地的比赛中，我们亚洲的烘焙、甜品技术还不被世界普遍认可，这种比赛对我们来说是一场严峻的挑战。

第二天，我们开始进入赛场，与各个国家的专家裁判见面，见面时大家都非常友好，互赠礼品、互相介绍，感觉是一个非常友好的比赛！接下来大家热情地投入到了工作中。我们第一天进场时，所有设备的安装与调试，以及场地的卫生收拾都是我们各国的专家来共同完成的，通过做这些事让我们各国的专家能有更多时间彼此熟悉。我们用两天的时间把赛场全部收拾到位。

第三天我们开始培训，坐在我左边的是一位美国专家，我称呼她为美国大姐。所有的非英语国家的专家都会带着英语翻译一同参加会议，从第44届开始，世界技能大赛组织为了保证赛事的公平进行，避免由于翻译本身是技术专家而在竞赛过程中指导选手作业，所以将所有本项目的翻译随机抽选到其他项目中。这些翻译都是非常专业的，是由世界技能组织来安排和调整。我的翻译是来自杭州一所技术学校的老师，名叫夏洁妮，担任上一届世界技能大赛喷漆项目的翻译，而中国队在上一届喷漆项目中获得了冠军。她的世界技能大赛经验要比我丰富得多，我们在比赛前一个月认识，训练时我们配合做了两次模拟赛，感觉她很聪明，是值得信任的人。

世界技能大赛前进行了5天时间的培训和交流，与各国的裁判也慢慢熟悉了起来。第六天选手进入赛场开始熟悉设备，我们的选手对设备熟悉得非常快，然后开始抽签分工位。因为赛场的条件限制，十几个国家和地区的选手只能分成两组、两天来比赛，比赛时长共4天。

A组：法国、美国、瑞典、哈萨克斯坦、西班牙、托克劳群岛、瑞士、俄罗斯，以及中国台湾地区

B组：芬兰、巴西、中国、韩国、阿联酋、奥地利、丹麦、意大利

烘焙世界技能大赛总时间16.5小时，分4天进行：第一天5小时，第二天4.5小时，第三天4小时，第四天3小时。

第一天模块

模块A　准备和客户指令（在拿到客户指令试题后，现场提交配方和产品草图，第二天完成）。

模块B　辫子技术（神秘）根据专家要求呈现一种辫子面包。

模块C　风味产品（咸派和佛卡夏），并准备第四天的佛卡夏三明治面团。

第二天模块

模块D　面包（小麦面包、黑麦面包）。

模块E　神秘面包卷（神秘材料在第一天下发，根据拿到的材料制作面包卷）。

第三天模块

模块G　装饰作品（艺术面包，用于三明治的展示和推广）。

模块H　千层面团（发酵起酥）可颂和两种丹麦。

第四天模块

模块F　甜味布里欧修产品（4种不同产品，一种无馅料，两种有馅料，一种神秘材料）。

模块I　三明治（使用第一天制作的佛卡夏面团和神秘材料）。

最终是整体呈现。

赛场经验分享

一、紧张的赛场氛围

第44届世界技能大赛全面开战，这次比赛赛场的准备工作感觉稍显仓促，有待改进的地方太多。电压和所有设备的摆放都不太稳定，这次用的搅拌机非常不专业，用的全是立式的搅拌机，没有用制作面包常规的卧式搅拌机，很多搅拌机根本就没放平，工作时在不断地跳动。对于参赛选手而言，这种世界大赛临场发挥能力和对突发事件的应变能力非常重要，很多选手在这种状态下心情会有很大变化，这就告诉我们在训练时就要科学地模拟训练赛场实景，多做障碍性的赛

场训练。我们选手的工位就分到了一台工作最不正常的搅拌机，此时需要专家与选手做到最好的配合，帮助选手解决在比赛时遇到的所有问题，多给选手一些眼神或者肢体上的鼓励让他能正常发挥。

选手在比赛的同时，我们各国的专家裁判在会议室里进行会议分组、分模块安排执裁的内容，执裁内容均由首席来调整安排，也就意味着我们每天执裁的内容是完全不同的。执裁内容分成两大块，主观分与客观分。执裁过程中，专家裁判的手机全部要锁在柜子里，进入赛场以后，不能与赛场外的人交流，也不能与本国的选手交流，甚至去卫生间一定要先向首席或副首席报告，这些一旦有人举报都是违规行为，严重的会上升到道德违规层面上。

严格的制度和诸多的规则让人觉得压力巨大也非常的紧张，但也要尽可能地去调整自己，保证以最佳状态投入到执裁工作中。

在赛场上，绝不是一个人的比拼，专家、翻译和选手之间的配合非常的重要，专家要通过翻译将正确的指令传达给选手，选手要具备在短时间内迅速理解专家指令、完成试题任务的能力。这是一场艰巨的团队战。并且作为专家兼裁判一定要保持最低调的状态，与所有人保持友好，同时在赛场上一定要有很强的服务精神，要有很真诚的表现。竞技场上所有的参赛队都是为了争取好成绩而来的，在这种高度紧张的环境中，专家与选手都要保持良好的心态，集中精力，小心谨慎做好每一个比赛模块的产品。

二、熟读比赛规则

烘焙项目分为两组选手，历时4天相互交替完成整体的比赛。第一天的比赛结束之后，根据所有的参赛选手的现场表现，大家潜意识中将选手分成三个梯队：第一梯队是有可能争夺冠军的前5位选手，第二梯队是可能会争夺奖牌的前10位选手，第三梯队是没有可能争夺奖牌的选手。参赛选手的实力在作品拿出操作间时专家的围观情况上已见分晓。选手们在紧张地制作产品进行比拼，专家裁判之间其实也是一场博弈。面包烘焙本属于西方文化，迄今为止中国烘焙还未能够在国际比赛中获得过令人瞩目的成绩，蔡叶昭在赛场上的出色表现可能让大家都感到了意外。

从第二天起，蔡叶昭一上场，就有很多专家围着他的比赛工位，大家都感觉他是受到过专业训练的职业赛手，这么小年龄却根本不像一个学生。比赛中，蔡叶昭使用了一个特别的工具——冰袋，为了让面包在每个工序中都能保持恒温的状态，我们采用了冰袋恒温法，是一种非常科学的方法，就因为这个冰袋，我们让所有人都对中国队刮目相看。

第一天的比赛结束后，我看完所有选手的作品，当时我就觉得我们非常有把握获得奖牌，而且也有获得冠军的可能性。

在第二天的神秘模块中，要求制作一款嘉年华主题的欧式面包，这一类的神秘模块通常要求选手在非常短的时间内给出配方和产品外观设计，所以每个队都会有一个强大的后援团队。当我们拿出被允许带入场地的图纸时，却被告知违规，幸亏赛前清晰解读多遍赛事规则，找到了突破点，并与首席官员进行积极有效的沟通，最终消除了误会，否则将会被贴上违反道德准则的标签，严重者会被取消参赛资格。

三、难忘这一刻

四天的比赛终于结束了！各国专家开始会议讨论选手们的表现，统计分数。将分数录入系统又是一个漫长的过程，虽然选手已经顺利将所有试题中规定的作品呈现出来，但是在获知成绩结果之前仍然非常的忐忑。一直到深夜，经过核实、签字，比赛分数终于艰难地出来了。分数表是由副首席专家发给每一个专家裁判的确认签字单，当我拿到分数排名表，清楚地看到第一行第一排写着中国时，我真的不敢相信自己的眼睛，立刻让翻译洁妮确认。洁妮用确定的眼神回答我，那一刻我的眼睛湿润了。我们以微弱的分数领先，获得了冠军，这个冠军对于我们来说来之不易！第一次参加这种世界最高层级的赛事，我们学习到了很多，更让我们感悟到了很多。比赛除了技术比拼，更是考验一个团队的综合的表现，但若想获得冠军，首先技术水平一定要在最强的梯队里。

四、总结

最后，我要感谢一起在幕后为世界技能大赛服务的队员们，没有他们的智慧和付出，就不会有今天的成果；当然，这一切都离不开政府给予的机会，人力资源与社会保障部领导的信任和省市地区领导的大力支持。

同时，我们也要感谢选手的父母及亲人，没有他们的支持与鼓励，选手们很难有放开一切的心境，也难以有充足的精力去日复一日地练习。最后也要衷心感谢糖艺西点制作项目的专家组组长黎国雄老师带领吕浩然获得优胜奖并跻身于世界5强的行列。还要感谢在世界技能大赛过程中给予我们指导的组委会、裁判团、翻译及在场的百名中国观众的支持，是他们让我们感受到了在异国的温暖。

这不是我第一次带队参加比赛，但这确实是非常特殊的一次比赛。它的珍贵之处就在于让全世界看到了中国烘焙行业的崛起，让中国的民办教育机构看到了为国争光的机会与希望，让即将步入社会实习、踏上工作岗位的烘焙从业人员更有信心去确立作为职业烘焙人的职业生涯目标。

再多的语言也无法表达出这次比赛对于我和我的团队的意义和收获所在，

在自己擅长并热爱的领域里为国家贡献力量，是对这份职业的尊重，是对团队付出心血的最高肯定，是让生命扬帆的机遇与挑战，是技术人员对国家热爱的最好表达！

我希望这样的大事可以多做一些，那么人生修行的道路，可以更宽广些。

最后，在这条路上，很荣幸与正在看书的你相遇！

王森世界名厨学院

MAGIC ACADEMY WORLD

美食界的魔法学院

汇聚法、意、日
全球一流名厨师资，
培育国际高端西点职人

长期研修班
西点/面包/巧克力/西餐/咖啡/翻糖

法式甜点研修班
一个月/三个月/六个月

地址：上海市静安区灵石路709号万灵谷花园A008
电话：021-66770255